Ovidiu Dragoș Argeșanu
Arta războiului PSI
Protecția

**Colecția
Ovidiu-Dragoș Argeșanu:**

Atacul PSI
Arta războiului PSI
Arta războiului PSI – Protecția
Balchis 2000: parola „Dumnezeu"
Cele 7 peceți
Devenirea
Kombat Ki
REIKI: între mit și realitate

Conferințe:
Karma și dreptul divin,
Trezirea spirituală și conștiința de sine,
De la sex la îndumnezeire

Ovidiu Dragoş Argeşanu

ARTA RĂZBOIULUI PSI
Protecţia

PRO DAO

Descrierea CIP a Bibliotecii Naționale a României

Argeșanu, Ovidiu-Dragoș
Arta războiului PSI: Protecția / Ovidiu-Dragoș Argeșanu. –
București: Editura PRO DAO, 2011
ISBN 978-606-92732-6-5

615.84:577.3

Editura PRO DAO
www.edituraprodao.ro
www.ovidiudragosargesanu.com

Ovidiu-Dragoș Argeșanu
Arta războiului PSI – Protecția

© Editura PRO DAO, 2011

ISBN 978-606-92732-6-5

„Adevărul nu trebuie ghicit, inventat sau smuls. El trebuie dorit, căutat și iubit până în clipa în care faptele vieții vor determina maturitatea necesară înțelegerii lui. Îmi pot programa să cunosc și să pășesc în universul intim al unei ființe. O pot urmări și pot specula metoda prin care să-mi ating ținta. Toate acestea sunt simple jocuri ale egoismului propriu. Dacă voi rămâne la ele, mă voi asemăna celui care, făcând autopsia unui cadavru, își imaginează că va descoperi idealurile îndrăgite ale unui suflet plecat!"

Preot TIBERIU VIȘAN

ARGUMENT

TAO nu luptă, dar câştigă întotdeauna.

Nu mai am de gând să lupt spiritual cu nimeni. Nu ştiu dacă am devenit mai înţelept. Poate că am obosit, m-am plictisit sau intru deja în legea iubirii. Dar, în ceea ce priveşte lupta PSI, nu voi mai lupta cu nimeni. Oricum nu ar fi drept faţă de adversari la câte ştiu. Dar nu acesta este motivul principal, ci poate acela că nu mai vreau să răspund la rău cu rău. „Bine, bine! o să îmi spuneţi. Şi cum te vei apăra?" Nu mă voi apăra. Voi fi doar atent la curăţenia mea spirituală, o să încerc să fac binele şi atât. Ne mai luptând, nu voi mai perpetua răul şi nu voi mai crea alte legături karmice. Nici pentru bani, nici pentru putere, nici pentru femei, nici pentru glorie şi recunoaştere, şi nici măcar pentru cunoaştere. Pentru nimic. Ştiu că de abia acum îmi vor veni ispitele, pentru a mă deturna de la drumul pe care eu însumi mi l-am ales.

La un moment dat, era un tip care avea o prietenă în Ferentari. Şi o conduce acasă. La plecare este prins de o bandă de cartier care îi spune că nu are ce căuta acolo şi să le lase pe fete în pace. După care i se administrează o corecţie, este bătut. Şi pleacă. În altă seară, tipul îşi conduce iarăşi prietena şi mănâncă iar bătaie. A treia oară este prins din nou. Plictisiţi de lipsa lui de reacţie, este lăsat în pace. „Eşti nebun!" i se spune.

Ştiu că mulţi dintre cititorii mei aşteptau cartea aceasta înaintea celei de Reiki. Dar mi se pare şi acum cea mai bună decizie inversarea planului editorial. Din punctul de vedere al unui luptător al luminii, ai nevoie de sursa de energie, de muniție, pentru orice faci. Degeaba, spuneam cursanților mei, discuți despre cilindri de lumină, conuri, scuturi, săgeți sau alte arme de foc, dacă nu ai capacitatea de a le da putere la nivel astral. Prin Reiki asta am dorit să se înțeleagă. Odată având acces la lumină, se poate învăța orice și vibrația practicantului va crește, iar puterea lui, reprezentată de sistemele de protecție și atac, va fi mai mare.

Reiki este util pentru un început al evoluției spirituale, dar și pentru aprofundarea cunoașterii spirituale și creșterea puterii PSI. Este o piatră valoroasă din cunoașterea oricărui maestru al luminii indiferent că este inorenergetician, maestru Chi Kung, preot sau altceva. Sunt atâtea sisteme Reiki încât îți trebuie o viață să le faci și să le aprofundezi pe toate.

Se impunea apariția lucrării Arta războiului PSI: protecția? Numai cei care o vor citi și care o vor practica vor putea spune. Nu am pretenția că voi spune totul. Nici nu am intenția asta, doresc numai să deschid drumuri pentru cei care vor, pot și trebuie să învețe să folosească lumina, energiile, entitățile de lumină sau de întuneric.

Când scriu aceste rânduri, s-au terminat alegerile și a început lupta pentru ciolan. Sincer, de abia așteptam să scap de aceste alegeri. Am fost de la început de partea opoziției și asta pentru că așa am simțit, măsurat și crezut. Viața m-a făcut să trec prin mai multe locuri și fără să vreau am urmărit unul dintre candidații de la președinție. Știu că jocurile piramidale, fondurile de investiții și altele au fost îngăduite de Dumnezeu tocmai ca să se îmbogățească rapid câțiva români astfel încât să nu se vândă chiar totul, pământ, fabrici, uzine, celor de afară, dar asta nu mă face să mă bucur și să-i stimez prea mult pe îmbogățiții peste noapte.

Și așa am avut șansa să îi cunosc pe oamenii de lângă cei mari, gărzile de corp, șoferii, menajerele, portarii, care știu în general mai multe decât oricine altcineva ce fac patronii lor. Așa afli de întâlnirile de la vilele de protocol, așa afli de metehnele soției unui mare „conducător" care fiind bolnavă de astm punea menajerele să curețe praful din găurile de la priză cu bețișoare de curățat urechile! Și voia să i se spună doamna președinte! Boala ei sunt banii și vilele și neiubirea. Astmul este o boală de suflet, cea mai bună dovadă de neiubire! Ar putea avea toate firmele importatoare de medicamente, dar tot nu-i va trece. Neiubirea nu trece cu nici un medicament și, cu cât nu mai ai scrupule în a face bani, cu atât te duci mai jos.

Lipsa de scrupule a transformat lupta politică în război PSI. Nu mai vorbesc de faptul că autoritățile noastre nu sunt pregătite de așa ceva și ar trebui instituit un sistem care să cerceteze abuzurile PSI. Sunt primul care ar fi de acord să răspundă în fața lui. Nu zic eu că sunt vreun sfânt, dar am făcut totul ca răspuns la ceea ce s-a făcut împotriva mea și chiar când am vorbit de război cu structurile armatei române am făcut-o didactic și pe față. Puteau refuza, dar au acceptat provocarea. Dacă intri în ring, trebuie să îți asumi răspunderea pentru ceea ce se poate întâmpla acolo.

Nu același lucru s-a întâmplat cu cei care au susținut campania fostului partid de guvernământ. Când am făcut tot ceea ce am făcut am mers pe un principiu simplu: fără moarte. Noi nu suntem Iisus Hristos, așa că nu putem da viață și știind cât de fragilă este puntea dintre lumi nu am folosit niciodată cunoașterea mea în a răni de moarte pe cineva.

La un moment dat, după apariția *Atacului PSI*, am fost chemat de un lider de partid la o discuție. Mason. M-am dus la biroul lui încărcat de lumină, deși nu fac asta de obicei. Am vrut să simtă ce sunt și până unde am acces. Și a simțit. M-a întrebat ce șansă are partidul lui să câștige electoratul. I-am spus că nici una și că partidul lui este condamnat la dispariție. De unde știam? Simplu. Am crescut în toate vacanțele mele la țară și am învățat cum gândesc țăranii. Ei au un mod simplu de rațiune care poate fi folosit și în bine, dar și în rău. „Proști, dar mulți!" se aplică încă, din păcate, în satele noastre. Sunt unul dintre puținii partizani ai ideii că satul românesc ar trebui să dispară și pot argumenta de ce. Am fost nu demult în locurile în care am copilărit. Nimic nu s-a schimbat în bine de treizeci de ani. Până și centrala de biogaz pe care Nea Nicu a vrut să o pună în funcțiune atunci, acum este o grămadă de fiare contorsionate. Citeam într-un ziar că o grădină zoologică din străinătate a făcut așa ceva folosind excrementele elefanților ei. O știre actuală? Ceaușescu a vrut același lucru la combinatul de porci de lângă Drăgășani cu douăzeci de ani în urmă! Repet, satul așa cum este el, din punctul meu de vedere trebuie să dispară.

Nu vreau să jignesc pe nimeni, dar este crudul adevăr. Iar faptul că PSD a câștigat la sate este departe de a fi o fală pentru acest partid, ba din contră. Nu cred că mi-ar plăcea să fiu boicotat de oamenii inteligenți și votat de prostime.

De ce nu cred într-un partid democrat? Pentru că cea mai mare minciună inventată vreodată este ideea de democrație, de conducere de către popor. Nu EXISTĂ AȘA CEVA ȘI CINE MAI CREDE ÎN EA ARE PROBLEME CU CAPUL sau are QI-ul unui handicapat psihic. Iar un partid social democrat este de-a dreptul o utopie.

Te uiți în jurul tău și totul: Cerul și Iadul, animalele, insectele, firmele, bisericile, societățile secrete sunt dispuse pe principiul ierarhiei, dar tu vrei să crezi în egalitate! Nici în Cer nu este democrație, nici măcar sfinții nu sunt egali între ei, iar Raiul și Iadul sunt singurele sisteme sinonime cu veșnicia.

Se punea problema de ce până atunci opoziția nu avusese nici o șansă și i-am spus: „Pentru că sunt proști! Au rămas la fel ca pe vremea lui Tipătescu în ceea ce privește campania electorală!" I-am povestit despre modul cum a fost folosită cunoașterea în politică. Rezultatul s-a văzut mai târziu, când au avut loc alegerile, de la culori, la protecții PSI făcute de grupuri de cunoaștere spirituală. Nu credeam să văd atâta încrâncenare pentru niște lucruri lumești.

Cea mai „drăguță" chestie a fost însă prezentarea unor lupi pe post de miei. Mă refer la indivizi care au inițieri pe întuneric, dar care apăreau ca niște îngeri la interviurile televizate.

Mărturisesc că m-a costat mult faptul că am zis de la început că voi lupta împotriva PSD-ului. Am pierdut un copil. Așa că relația mea cu acest partid și cu membrii ei a devenit personală. Am cerut justiție divină și sângele copilului va fi plătit de toți cei de acolo. Moartea copilului a survenit la două zile de la naștere. În timpul sarcinii, cei care loveau cu săbiile și cu spiritele focului au spart aura copilului care a rămas cu câmpurile sparte într-un moment în care el ar fi trebuit să se formeze. Poate că este și vina mea de a nu-l fi protejat destul, dar aveam destui copii ai Lui Dumnezeu de care trebuia să am grijă și nu m-am gândit destul la el.

Nu mi-am dat seama. Mea culpa. Dar asta nu îi absolvă nici pe cea care a lovit, nici pe cei care beneficiau de sprijinul ei. Dezvoltarea lui ulterioară a făcut ca să aibă peretele abdomenului deschis și intestinele să se dezvolte în afară. În lipsa presiunii din abdomen, ele s-au dezvoltat libere și chiar dacă, după naștere, o echipă de medici s-a ocupat de mamă, și a făcut cezariana, și o alta s-a ocupat de copil, încercând să introducă ansele înapoi în abdomen, după șase ore șansele lui de supraviețuire erau nule. Am putut să vedem cum se stinge, să-l botezăm și apoi să-l înmormântăm. A meritat lupta mea în timpul alegerilor? Nu știu. Dar știu sigur că nu se putea altfel. Întotdeauna adevărul mi-a plăcut mai mult decât orice, chiar și decât viața mea sau a alor mei. În ceea ce privește pe cei care au lovit? Eu îi iert pentru durerea mea, dar nu pentru a mamei care și-a îngropat pruncul. Pot ierta un om care este prost și nu știe ce face, dar nu și pe unul care se folosește de cunoaștere pentru a lovi fără pauză, chiar și de sfintele sărbători! Pot ierta pe cei care habar nu au de Liturghie pentru că nu i-a învățat nimeni, dar voi fi dușmanul declarat al celor care folosesc Sfintele Taine ca să lovească PSI! De aceea, eu unul îi voi urmări pe ei și familiile lor până la moartea lor și după aceea, până ce vor fi văzut și simțit ceea ce a simțit o ființă dragă mie. Am să am grijă ca orice lucru pe care vor pune mâna să se prefacă în fum. Nu mai cred în milă și îngăduință cu astfel de oameni. Cred că oamenii politici își asumă niște răspunderi și, cum nu pot fi trași la răspundere întrucât își fac propriile lor legi, pot să anunț că am creat un program de plăți! Se va plăti totul din punct de vedere financiar, spiritual și sufletesc sau al sănătății. Doar că eu unul nu am răbdarea lui Dumnezeu și atunci voi face ca la târgul la care am lucrat. Doar că plata nu va mai fi o biată diaree, ci un ceva mai grav sau mai frustrant.

Și îi mai anunț ceva: moartea mea nu ar servi la nimic întrucât, odată pornită o reacție în lanț, nu o mai poți opri.

Nu am vrut să apară această carte înainte de alegeri tocmai pentru a nu dezvălui câteva dintre metodele mele de apărare, dar acum, pentru că au câștigat cei care trebuie, pot să le dezvălui și să-i pregătesc pe cei care vor lupta în viitor pentru Adevăr și Lumină.

Cum s-au câștigat alegerile? Acum, când privesc în urmă, îmi vine să râd de mine însumi cât de naiv eram să cred că se face voia poporului sau a lui Dumnezeu! Eram niște bieți iepuri orbiți de câțiva oameni cu acces la lumină, vânduți unui partid. La bază, niște indivizi inițiați pe întuneric care au plătit și câștigat de partea lor alți inițiați pe lumină: maeștri Reiki, preoți, episcopi ortodocși. Li s-au promis fie bani, fie funcții, fie institute de cercetări asupra psihicului uman și al luminii, ba chiar și biserici. Drumul spre iad este pavat cu bune intenții! Deși lipsiți de lumină, unii candidați apăreau la televizor îmbrăcați în mantii de lumină care, la nivel subliminal, impresionau prin frumusețe! Cum se face? Simplu. Cei cu acces la lumină emit pe chakra inimii sau chiar pe chakra a VI-a și îmbracă persoana respectivă ca într-un duș de lumină, astfel încât persoana protejată strălucește precum un luceafăr! Cei care îi privesc primesc toată acea energie și sunt convinși de mesajele subliminale care le impresionează subconștientul și chiar sufletul! Sunt puțini cei apărați de o asemenea manipulare. Fie pentru că știu și simt, fie pentru că, datorită meritelor din alte vieți, au o protecție divină bună. Drăguț a fost că unul dintre duhovnicii mari la ora actuală a spus că președinte va ieși „cel urât" și se referea la aspectul exterior, nu la suflet. Bine că nu a ieșit urâtul interior. Unii nu au înțeles că ora exactă se va da din România și asta este voința lui Dumnezeu și că banii, ajutorul exterior, nu au nici o legătură cu opțiunile poporului român. Ba din contră, președintele SUA a știut din timp că celălalt candidat va câștiga alegerile așa cum a știut că el însuși le va câștiga în State din simplul motiv că are o legătură personală cu lumina și face voia ei spre disperarea masonilor de un anume rit, care au ales întunericul.

Sunt doi oameni în lumea asta pe care eu unul îi sprijin fără condiții, președintele american și cel al României, și asta pentru că sunt de partea bună. Dacă aș ști și alți președinți, aș face la fel ca și pentru cei doi. Și dacă dă Dumnezeu să fie Patriarh al României un om anume, îl voi sprijini și pe el.

De ce președintele american? Pentru că dintr-un anumit punct de vedere SUA sunt cel mai bun exemplu de confederație și de toleranță între naționalități. Mai au probleme cu xenofobia, dar nu ca în celelalte părți ale lumii. Vrem nu vrem, globalizarea va avea loc chiar dacă nu ne convine. Este inevitabilă, zic eu, pentru că așa tinde apa să se unească în râuri și nu să se despartă în izvoare!

Lumea a înnebunit și suntem victimele atacurilor PSI la orice pas: de la vânzătorul ambulant care este învățat să-ți spună poezia și să ți se concentreze pe al treilea ochi, la televiziune și campanii electorale. Pentru a ști cum să ne apărăm nu este absolut necesar să știm foarte multe, dar știind este mai ușor decât în lipsa cunoașterii, de aceea este bine să avem o noțiune clară asupra psihicului uman – o mașină care se poate defecta. Ca să previi asta sau ca să o repari este necesar să știm cum este ea alcătuită și cum funcționează.

Mi-aș dori ca această carte să fie una utilă poporului român, să îi ofere scuturile necesare unei dezvoltări spirituale eliminând pe cât posibil intervenția malefică a celor din afară sau dinlăuntru.

Poporul român nu este conștient de darurile divine cu care este înzestrat și, din cauza asta, nu știe să se aprecieze la justa lui valoare. Se lasă condus de imbecili naționaliști extremiști, simple paiațe menite să creeze o extremă ca să ne îndreptăm atenția în altă parte, ori de oameni cu personalități strivite de lipsuri și educații greșite.

Prin această carte încerc să arăt comorile care se găsesc aici, din punct de vedere spiritual, în speranța că acest aur va face ca țara noastră să devină de neprețuit în timp. Cred că va sosi o vreme în care, dacă o să ai o garsonieră confort trei în București, vei fi invidiat de oamenii din toată lumea.

Evident că nu am să dezvălui toată cunoașterea mea – asta este normal. Voi face precum armata americană care vinde armament învechit moral cu douăzeci de ani! În lupta PSI împotriva celor care se folosesc de cunoaștere este destul. Vreau doar să deschid poarta celor care vor, pot și trebuie să învețe și să aibă o minimă îndrumare pe lungul drum al evoluției personale.

CAPITOLUL 1

Recapitulare
(sau Introducere pentru cei care încă nu au citit *Atacul PSI* și *Arta războiului PSI*)

> *Uneori oamenii se împiedică de adevăr, dar cei mai mulți se ridică și pleacă repede mai departe, de parcă nimic nu s-ar fi întâmplat!*
>
> Winston Churchill

DACĂ...

de Rudyard Kipling

De poți fi calm când toți se pierd cu firea
 În jurul tău și zic că-i vina ta;
De crezi în tine, dar nu nălucirea
 Să te îndemne ca să crezi, cumva;
S-aștepți, dar nu cu sufletul la gură;
 Să nu dezminți minciuni mințind, ci drept;
Să nu răspunzi la ură tot cu ură,
 Dar nici prea bun să pari, nici prea-înțelept;

De poți visa, și nu-ți faci visul Astru;
 De poți gândi, și nu-ți faci gândul țel;
De-ntâmpini și Triumful și Dezastrul

Tratând pe-acești doi impostori la fel;
De rabzi să vezi cum spusa ta-i sucită
    De pișicher să-l prindă-n laț pe prost;
Cum munca vieții tale-i năruită
    De nu mai poți să faci nicicând ce-a fost;

De poți să-ți pui agoniseala toată
    Grămadă, și să-o joci pe-un singur zar;
Să pierzi, și iar să-ncepi ca-ntâia dată,
    Iar că-ai pierdut-nici un cuvânt măcar;
De poți sili nerv, inimă și vână
    Să te slujească după ce-au apus,
Și piept să ții, când nu mai e stăpână
    Decât voința ce le strigă: Sus!

De poți rămâne Tu: în marea gloată
    Cu regi-tot Tu, dar nu străin de ea;
Dușman sau drag-rămâi, să nu se poată
    De toți să-ți pese, dar de nimeni prea;
De poți, prin clipa cea neiertătoare
    S-o treci și s-o întreci gemând mereu;
Al tău va fi pământul ăsta mare!
    Mai mult: vei fi un Om; băiatul meu...

    De ce această poezie? Pentru că un profesor, care a întrezărit potențialul meu psihic, o folosea drept studiu la întrunirile Societății Române a Psihiatrilor Liberi din România. La fiecare ședință se explica din punct de vedere psihic ce vrea să spună autorul. Mi se părea stupid până ce am înțeles că, prin repetiție, informațiile pătrund la nivel subliminal, de unde ne determină reacțiile și comportamentul exterior. Era un fel de neuroprogramare lingvistică pozitivă pentru terapeuții pe care îi creștea. Mi-a prins bine și, din când în când, mai meditez asupra ei. Ba chiar consider că pentru cei pe care i-am crescut eu ca terapeuți sau oameni că ar trebui să o învețe pe dinafară ca să fie acolo în ei, în subconștientul lor, gata să-i ajute și să-i susțină ori de câte ori au probleme.

Ce înseamnă să fii OM?

Și o luăm de la sfârșit către început:
— să te ridici ori de câte ori cazi și să mergi înainte de fiecare dată când ți-e greu. Se spune că înfrânt nu este decât cel care renunță să mai lupte;
— să nu iubești prea mult sau mai exact să nu transformi iubirea în patimă, dar nici să-i urăști pe cei din jurul tău;
— să fii același cu oamenii simpli și cu cei din așa-zisa lume bună;
— să nu te lași dominat de puterea mulțimii și să rămâi conștient de tine în mijlocul ei și totuși să te integrezi ei;
— să fii în stare ca, epuizat, să silești trupul tău să meargă mai departe, singurul motor fiind voința;
— să poți juca totul pe o carte și, pierzând, să o poți lua de la capăt fără să te lamentezi pentru pierderea avută;
— să poți visa, dar să nu-ți faci din asta o obsesie, nici să rămâi la stadiul de vis, ci să te mobilizezi pentru îndeplirea visului tău;
— să poți trece peste triumf și dezastru fără să te schimbi în interior;
— să te păstrezi la limita dintre bunătate și răutate, dintre înțelepciune și prostie;
— să nu te agiți, pentru a-ți păstra imaginea, chiar terfelită prin minciună, folosind aceleași mijloace cu care ți-a fost mânjită;
— să crezi în tine privindu-te obiectiv și știind exact capacitățile și limitele tale;
— să fii capabil să judeci orice situație la rece, chiar dacă tu ești cel implicat în aceasta, lucru care-ți permite să iei deciziile optime pentru tine și pentru cei din jur.

A fi om și a te comporta astfel face ca toate reacțiile tale viitoare să se încadreze într-o anume conduită care te determină ulterior.

CAPITOLUL 2

Nivelurile la care poate fi atacat PSI un om

Dacă este să recapitulăm nivelurile la care poate fi lovit un om este destul să enumerăm toate structurile energetice ale omului din punct de vedere energetic și spiritual. Este simplu în fond: fiecare structură poate fi atacată. Nu o să spun chiar totul, doar ceea ce este uzual în lupta de zi cu zi, pentru ca fiecare să știe cât de cât de unde îi vine un atac PSI și cum îl poate contracara. Mă interesează în primul rând terapeuții care sunt atacați de vrăjitori sau de inițiații pe întuneric și care au nevoie de un bagaj de cunoștințe minim ca să meargă mai departe pe drumul lor de vindecători. Sunt mulți terapeuți care nu pot ieși „în față" pentru că, deși dotați cu capacități de clarviziune, claraudiție sau vindecare pentru diverse afecțiuni, nu au cunoștințele necesare să se apere de ceilalți, care se ocupă de distrugerea creației divine și a planului divin de mântuire a omului. Cei care se ocupă de magie, fie că lucrează cu lumina, fie cu întunericul, când luptă au niște sisteme pe care le folosesc. Și despre ele am de gând să scriu.

Pot fi atacate la un om:
- cele 7 câmpuri;
- chakrele normale, inferioare sau superioare;
- punctele și meridianele de acupunctură;
- organele energetice vitale;
- sufletul;

- șarpele kundalini;
- îngerul omului respectiv!
- lumina;
- întunericul.

Dar și sentimentele, instinctele, cunoașterea de sine, imaginea, iubirea, conștiința, voința, memoria, gândirea, credința, comunicarea, sănătatea, sexul, banii...

Din punct de vedere psihologic, un om este format din:
- ceea ce crede despre el însuși;
- ceea ce cred ceilalți despre el;
- ceea ce este el în realitate.

Acestea pot fi influențate prin intermediul mesajelor subliminale, în diferite moduri, ceea ce duce la:
- scăderea încrederii în sine, în oamenii dragi și în Dumnezeu;
- pierderea puterii de muncă și de concentrare;
- pierderea puterii de a iubi, de a te bucura, de a face, de a comunica, cu alții sau cu Dumnezeu, de a gândi, memora, de a te ruga, odihni, de a face dragoste;
- pierderea frumuseții, a puterii fizice, a puterii de a face bani sau de a-i ajuta pe alții.

Cheia atacului PSI este imaginația, iar aceea a protecției PSI este tot imaginația.

La un moment dat, un preot, citând din sfinții părinți, spunea că imaginația este supremul păcat. Nu am fost de acord. Imaginația este aceea de la care a apărut universul. Dumnezeu, înaite de a-l fi creat, l-a imaginat! Scopul în care folosești imaginația este bun sau rău și te determină ca persoană. Voința de a face bine te determină. Cum spunea Kant: „O voință bună determină o conștiință bună!"

Chiar pe drumul vindecării spirituale, care o precede pe aceea fizică, omul trebuie să vrea să se vindece.

Cunoașterea de sine

Este piatra fundamentală în protecția PSI personală pentru că știind bine care este rolul și locul meu în lume nimeni nu mi-l va putea perverti.

În ceea ce privește zdruncinarea încrederii celorlalți în tine, din proprie experiență pot spune că suntem foarte vulnerabili la tot ceea ce înseamnă critică. Este destul să se descopere că un individ este cât se poate de uman și atunci i se contestă celelalte merite, chiar dacă acestea nu influențau în vreun fel ceea ce făcea, profesia sau intelectul lui. Oamenii au prostul obicei de a-și crea singuri idoli și de a-i dărâma apoi, când descoperă că nu sunt exact cum ar fi dorit ei să fie. Din păcate, este un fenomen care m-a afectat și pe mine, deși am încercat să arăt tuturor că sunt cât se poate de uman și de păcătos la urma urmei. Încercând să aflu unde am greșit, i-am întrebat pe alții. Răspunsul unui maestru chinez de Chi Kung mi s-a părut cel mai aproape de adevăr. El mi-a spus că eu am greșit când m-am apropiat prea mult de cursanții mei care, aflând lucruri din viața mea particulară, au început să mă judece. Deși ei și-au luat cunoașterea de la mine, până la un moment dat, au ajuns să se considere mai buni decât mine. Este adevărat că erau ținta unui atac PSI care îi întorcea împotriva mea. Dar, chiar și așa, vina ar fi tot a mea – deși le-am spus că la un moment dat cei care se ocupă de magie vor face asta, nu m-am făcut prea bine înțeles. Este adevărat că nu toți, numai unii dintre ei.

Cum anihilez un asemenea atac? În primul rând, știindu-se foarte bine cum sunt, cu bunele și relele mele, nu mi se poate induce decât, cel mult, amplificarea unui defect.

În ceea ce îi privește pe ceilalți și imaginea lor despre noi, aici rolul hotărâtor îl are Dumnezeu.

Se spune că Napoleon se plimba pe Insula Sf. Elena. Și a spus: „Atâta timp cât a fost nevoie de mine am fost mare!" Am înțeles atunci ceva: că sunt multe care țin de noi și sunt personale, dar unele sunt doar îngăduite de Dumnezeu și astea sunt carisma personală și imaginea celorlalți despre noi. Sunt mulți oameni de valoare care trăiesc și mor necunoscuți. Și alții care poate că nu au nici pe jumătate meritele lor, dar vor fi plini și de bani, și de glorie, sau cel puțin vor fi recunoscuți ca atare. Cine determină asta? Fiecare, după propria putere, dar un procent mai mare vine evident tot de la Doamne-Doamne!

Astfel că eu unul sunt conștient că, atâta timp cât va fi nevoie de mine, voi fi pe val. După aceea, Dumnezeu cu mila!

Imaginea
Distrugerea imaginii unui om se poate face prin minciună sau adevăr.

Prin minciună se dau publicității informații care nu sunt reale, dar opinia publică sau cursanții, pacienții, sunt convinși de defectele omului respectiv. S-a încercat să mi se convingă pacienții că nu pot face nimic pentru ei. Drept urmare, am făcut un program și ajut oricum oamenii care ar trebui să ajungă la mine, doar că acela care a lansat zvonul, minciuna, preia karma lor și, evident, boala!

La un moment dat, vine la mine un domn care lucra pe la guvern. Și, după ce îl tratez, îmi aduce toată familia. Are o fată. Cert este că are cunoaștere spirituală, așa că a putut realiza că nu sunt un impostor. La un moment dat, mi-a spus că a dus cărțile mele unui psihiatru-cercetător la Spitalul 9 și că acesta a spus: „Nu, nu citesc eu astea. Asta (adică eu) este nebun! Face din mâini așa și le păcălește domnule pe toate femeile. S-a culcat cu toate asistentele și pacientele de pe secție!"

Cu regret, trebuie să mărturisesc că nu este adevărat. Nu am făcut niciodată sex în spital și asta pentru că nu am avut niciodată vreo fantezie erotică vizavi de asta. Pot spune că am însă câteva regrete relativ la colege doctorițe sau asistente.

Cu pacientele din spital? Ei, aici am o problemă. Trebuie să mărturisesc că am avut o relație cu o pacientă. Dar asta după ce s-a externat, pentru că era o persoană cu discernământ și nu am să o regret niciodată. Era frumoasă, deșteaptă și mă simțeam bine în prezența ei. Dar avea un defect. Era măritată. Evident că mi-am asumat păcatul respectiv. Asta în fața Lui Dumnezeu, pentru că în fața soțului nu am nici o remușcare. El avea mai multe amante și ăsta era motivul problemelor soției. Nu încerc să mă disculp. Dar nu sunt nici atât de negru cum mă zugrăvesc unii, nici un sfânt cum mă văd alții. Sunt om și atât.

Atacarea credibilității prin adevăr

Cel mai bun exemplu de acest fel a fost Bill Clinton. Cum? Foarte simplu. La o analiză simplă a cazului respectiv vedem că este vorba despre o femeie care a ținut timp de un an și jumătate o rochie cu sperma pe ea! De ce? Părerea mea este că totul a fost planificat cât se poate de amănunțit și că au dezvăluit-o în momentul în care s-a considerat necesar. Ba mai mult. Cred că președintele american a fost șantajat să facă sau să nu facă ceva anume, iar el a refuzat, supunându-se cu orice risc oprobiului public. Ceea ce îl face de admirat. Faptul de a fi avut tăria de a-și asuma această greșeală și de a nu accepta compromisuri dezvăluie că nu degeaba a fost, pentru un timp, cel mai puternic om de pe pământ! Câți ar fi putut face asta în situația lui?

Soluția este acceptarea cu orice risc a adevărului. Recunoașterea unor defecte, a unor vicii, te face să fii mai puțin vulnerabil la asemenea atacuri.

În momentul în care am realizat asta, mă gândeam ce pot face eu. Am început să analizez ce mi se poate întâmpla din acest punct de vedere. Și astfel m-am pus în ordine din punct de vedere legal. Să nu mă poată agăța fiscul. Iar în ceea ce privește relația cu oamenii. Deși niciodată nu m-am erijat într-un sfânt, guru sau lider spiritual, am început să recunosc public defectele mele. Da, îmi plac femeile, fumez și, din când în când, beau și câte o bere. Așa că devine neinteresant un lucru care nu mai este un secret. Nu am fost niciodată fidel unei femei, nu am crezut că merită vreuna și nici nu pot asta. Nu este vorba numai de karma, ci de propria mea pasiune. Cine poate să mi-o accepte, foarte bine, cine nu: la revedere! Eu sunt un mag, ceea ce înseamnă că pot face dezlegările pentru că știu cum. O fac cu cunoaștere, nu precum Iisus Hristos în fața căruia se rupeau lanțurile și se ridicau bolnavii! Eu îmi recunosc defectele, dar asta nu-mi impietează cunoașterea. De multe ori am renunțat la plăcerile mele personale pentru pacienții mei. Am considerat corect așa din punct de vedere divin, nu îmi fac un titlu de onoare din asta. Așa că am deturnat și acest mod de lezare a imaginii mele personale.

Ideea de a nu fi vulnerabil la deteriorarea imaginii personale este să nu ai nimic de ascuns. Și dacă ai, să le scoți înainte de a deveni public. Oamenii uită și iartă – de multe ori este mai bună reclama negativă!

Câmpurile

Trebuie să cauți sufletul, câmpurile organelor, în cele trei lumi de jos, a noastră și cea de sus.

În timpul operațiilor se taie câmpurile și pot intra ENM sau DN de la medici sau personal. Furtul câmpurilor superioare este făcut de obicei de maeștrii care încearcă, de exemplu, să se folosească de cunoașterea mea. Se poate, dar, fiind incorect din punct de vedere divin, anulez tot ceea ce au făcut ei prin intermediul cunoașterii sau puterii mele.

Sunt indivizi care nu au putere pentru că nu i-a dus nici capul și nici „bilele" să o capete și atunci, noaptea, când oamenii normali dorm, încălcând legile divine, fură SN-ul respectivilor și îl folosesc pentru a determina lucrurile. Și ce plăcere îmi face să dărâm tot ceea ce fac ei cu trudă și fără Dumnezeu.

Câmpurile, reiau, sunt ca niște gogoși care ne înconjoară. Ele sunt cele care ne protejează de lumea ostilă în care trăim, de viruși, bacterii, ciuperci, de entitățile negative. Ele sunt un dar divin. Ideea este că ele pot fi rupte, tăiate, legate, anihilate, mărite. O singură gaură în ele permite scurgerea energiei vitale și instalarea bolii.

La un moment dat a venit la mine o fată care avea senzație de frig la spate. Indiferent ce făcea, nu îi trecea. Am măsurat și avea câmpurile rupte în acel loc. A fost suficient să-i repar câmpurile și nu a mai avut acea senzație.

Apropo de arme care distrug câmpurile, într-o seară scriam și mă uitam la televizor. Nu prea mă interesa emisiunea, așa că am început să butonez. Am dat de un talk show cu marele învins al alegerilor prezidențiale. În timpul alegerilor, realizatorul nu dăduse pe post o întrebare pe care o pusesem: „Este sau nu mason?" O și semnasem cu numele meu, dar nu se vorbise despre asta. (Îmi asum răspunderea pentru ceea ce scriu.) Îi trimisesem încă un SMS realizatorului și-i spusesem că este un găinar. Cert este că, supărat probabil din cauza SMS-urilor mele, candidatul s-a plâns doamnei care se ocupă de protecția lui PSI, de imagine și logistică psihologică, iar ea a venit peste mine. Am văzut-o în astral, supărată, cu o ghioagă cât ea de mare cu care îmi zdrobise țeasta pentru că îndrăznisem să spun adevărul despre doi hoți. Dincolo de daunele produse în câmpul meu energetic, am început să râd. I-am uimit pe toți ai casei, care nu înțelegeau ce se întâmplă. Dar imaginea ei îndepărtându-se de mine cu pași hotărâți și cu ghioaga în spate, ca omul din Neandertal, a fost mai comică decât filmele cu Luis de Funes!

Revenind la câmpuri și la tăierea lor, țin minte că pe primele fete pe care le-am făcut maestre Reiki le-am pus să-mi coasă câmpurile ca examen de măestrie. Oricine știe să facă simboluri, dar este important să știi să tratezi și tu, în acest caz să coși câmpuri.

Câmpurile pot fi informate negativ, cu lumină sau cu alt tip de energie. Totul este lumină până la urmă, dar există diferențe de vibrații și pe fiecare palier sunt alte entități spirituale.

De ce am dat în *Atacul PSI* câmpurile și chakrele? Pentru că atacul pe fiecare dintre ele determină câte ceva. Ce înseamnă tăierea unui câmp? Acum să nu-și închipuie cineva că un câmp este ca o gogoașă solidă care este tăiată. Tăierea lui înseamnă, de fapt, interpunerea între elementele unui câmp a unei energii care face ca acesta să-și piardă continuitatea. Noi trăim într-un mediu ostil și ceea ce ne protejează de Răul spiritual este Dumnezeu. Cum o face? Prin intermediul câmpurilor și a altor componente ale structurii psihicului uman. În venirea pe pământ, indiferent de unde, din cerurile superioare sau din cele inferioare, din anticeruri, ne învelim în niște câmpuri menite să ne protejeze de lumea în care trăim. Un demon întrupat nu ar putea rezista luminii directe a soarelui, care l-ar arde, iar un înger ar muri de frig în lumea noastră, în care luminozitatea este infinit mai slabă decât aceea a cerurilor.

Să zicem că eu lovesc câmpul energetic al unui alt om. Vibrația armei mele face ca să depărteze elementele constituente ale câmpului respectiv și să lase între ele o altă energie specifică lumii astrale terestre. Creez astfel o poartă spre aceasta. Moment în care omul devine vulnerabil în fața entităților negative care intră în câmpurile lui și se produc perturbări ale matricii inițiale – așa apare durerea și, ulterior, boala fizică. Unui coleg de radiestezie, medic veterinar, i s-a inflamat brusc cotul, fără nici o cauză medicală aparentă. Când i-am făcut măsurători, am descoperit că avea o tăietură pe cotul respectiv, invadată de ENM-uri (entități noesice malefice) care produceau durerea și inflamația. Coaserea se face după ce se curăță „rana" de ce este negativ și se unesc una cu alta cele două margini ale tăieturii.

Un alt mod de vindecare este homeopatia, care în funcție de diluții repară câmpurile energetice, iar prin plată achită păcate.

Dar nu rezolvă conflictul spiritual interior, indiferent care ar fi cauza lui.

Legarea câmpurilor poate produce daune grave. La un moment dat, la mine la cabinet vine o fată frumoasă. Aș putea spune foarte frumoasă. Dar nu asta m-a impresionat cel mai mult. Ci faptul că este cântăreață de operă. Fusese pe la medici pentru că, la un moment dat, nu a mai putut să cânte. Medicii nu descoperiseră cauza, dar se pare că ceva exista, o rană, la nivelul corzilor vocale. Am descoperit că avea gâtul legat cu nu mai știu câte legături. De invidie. Era tânără, frumoasă, bună pe meseria ei și le călca pe coadă pe cele de acolo, de la operă. Este, de fapt, a doua cântăreață de operă pe care o dezleg să cânte și amândouă avuseseră aceeași sursă de necaz. Locul de muncă. Acum cântă. Folosirea unor astfel de metode în concurență încalcă principiile divine și se plătește, iar eu sunt primul care sunt dispus să împlinesc justiția divină într-un asemenea caz!

Sufletul

Sufletul poate fi informat cu SN malefic, poate fi mărit, poate fi rupt, furat, refăcut.

În radiestezie se utilizează următorul algoritm de refacere a SN-ului:

Pune Doamne în palmele mele SN curat, limpede, strălucitor, pe care l-ai pregătit pentru această ființă.

Se implementează acest SN în toate structurile, biocâmpurile, organele și structurile acestei ființe, astfel ca ea să poată face faptele bune programate de Sfânta Treime înainte de a se naște!

Punctele și meridianele de acupunctură

La un moment dat, am intrat în conflict cu un specialist în acupunctură. Pe vremea aceea nu eram eu prea convins de eficacitatea tratamentelor prin ace. Cert este că, în urma loviturii lui, mi-a căzut efectiv umărul! Nu l-am mai simțit! Am încercat tratamentele simple Reiki, dar nu trecea și conexiunea cu sursa de energie care stătea la baza atacului. Este adevărat că am luat sistemele pe rând, să văd cât de eficace erau fiecare. Nu a trecut complet cu Reiki. Atunci am apelat la o prietenă foarte bună a mea care face masaj osteopat și care în timpul manevrelor de detensionare a umărului meu, cum stăteam pe jos, eu pe burtă și ea călare peste mine, îmi sucise mâna dreaptă la spate și îmi spunea: „Iartă-l!" Începusem să plâng de durere și țipam: „Nu-l iert! F... în neam pe mă-sa! Bă..." Și am continuat așa până am spus în cele din urmă că îl iert. În acel moment m-am eliberat și de durerea de umăr.

Acum atacurile PSI în punctele de acupunctură le rezolv mult mai ușor. Am ace de acupunctură de unică folosință și să vezi ce repede mă înțep când este nevoie.

Sinele

Când vorbesc de sine, mă refer la șarpele kundalini, la partea din noi care este veșnică și care transcende viața și care se reîncarnează pentru a ajunge la desăvâșire. Urcarea lui prin canalul guvernor pentru a ajunge la chakra a VII-a și pentru a ieși formând floarea de lotus este, pe scurt, scopul vieții.

Dar sunt mulți care știu asta și mai știu să îl scoată afară, să-l invoce, să-l descânte, să-l cheme. Mă rog...

Atacul asupra șarpelui kundalini este condiționat de mai multe lucruri. Primul este PD-ul. Al doilea, și poate la fel de important, este vârsta astrală. Pământul are miliarde de ani. Sunt spirite care nu s-au născut pe pământ și care sunt venite fie să învețe, fie să ispășească greșeli relativ la alte spirite. Un prieten de-al meu a venit pe planeta asta doar ca să lupte. Pe planeta lui nu mai există violență de mult, așa că a venit ca să se antreneze. Nu i se îngăduie să lupte în ring sau să participe pe undeva ca militar, pentru a nu-și crea o karmă nouă omorând vreun om, dar se poate antrena pașnic și se poate folosi de puterea și cunoașterea lui interioară pentru ajutorarea spirituală a oamenilor de acolo de unde este.

De ce este importantă vârsta astrală? Păi și la nivel spiritual este importantă și există dimensiuni și putere. Este normal să fie așa.

Mai greu legi un taur decât o găină! Este unul dintre motivele pentru care unii oameni sunt mai puțin sensibili la magie. Sunt mai greu de legat, influențat mental sau „rănit" PSI.

Atacul asupra sinelui are mai multe motive. Unul este chiar furtul de idei. Se întâmpla acum câțiva ani când joia, imediat după prânz, mă lua somnul. Am observat asta și, curios, am vrut să văd ce se întâmplă. M-am așezat frumos pe pat și am închis ochii așteptând liniștit evenimentul. M-am simțit tras din corp, dar am reușit să-mi păstrez conștiența, așa că m-am văzut tras în mijlocul unui cerc de oameni. Cineva dorea să acceseze astfel cunoașterea mea. Se luau chiar notițe. Inițial m-am enervat și am vrut să-i lovesc, apoi m-am gândit că, până la urmă, motivul pentru care m-am născut este tocmai acesta, de a ajuta la evoluția oamenilor prin cunoașterea mea. Ce importanță avea dacă ea apărea pe pământ prin altcineva? Cine avea de pierdut? E mai mult orgoliul meu de a pune pe o foaie de hârtie ceea ce până la urmă nu-mi aparține. Așa că mi-a trecut supărarea pe doamna care conducea subconștientul grupului respectiv și care mă trăgea din corp joia.

Un alt mod este tot tragerea în afara corpului de către preoții ortodocși și legarea în altar. Se face cu ajutorul psaltirii și este destul de puternică ca să-mi creeze oarecare probleme chiar și la cunoașterea mea de acum. Beleaua este că nu mă lasă Doamne-Doamne să lovesc pe preoții și călugării care fac asta. Singurul mod de apărare și de ripostă la care am voie este să nu mă duc unde vor ei să mă tragă! Ei au nevoie de ceva, fie de informații, fie de bani, fie de altceva, și atunci folosesc această invocare. Dar eu sunt liber să accept sau nu. Prima dată se miră că nu reușesc, apoi descoperă că mai sunt și oameni simpli și păcătoși ca mine care știu și pot să se opună unei încălcări a liberului arbitru. Nu am nimic împotrivă să învăț pe cineva, dar să se roage la Dumnezeu să mă duc, nu să mă tragă ei. Dacă vrea Șeful, merg! De multe ori șarpele kundalini nu este cu noi. Poate fi legat în casa unde locuiești, de către persoana cu care stai și care are acest drept divin asupra ta datorită unei vini din altă viață. Nu afli acest lucru decât în momentul în care ești pe terminate. Oricâtă cunoaștere ai avea, nu poți dezlega niște legături care au o componentă karmică.

Legăturile pe șarpele kundalini sunt unele dintre cele mai nenorocite pentru că atacă energia vitală a omului și automat este afectat organismul lui.

Am fost să văd un pacient din provincie. Se culcase cu soția cuiva, acesta aflase și mersese la o vrăjitoare care îl legase. A început să se îmbolnăvească, a fost prins de niște vagabonzi, bătut și lăsat noaptea în frig. Era iarnă. A paralizat și a rămas așa. Din păcate, era greu de ajutat. Șarpele lui era legat în lumea de sub pământ.

L-am întrebat cine i-o trăsese. Mi-a răspuns râzând că era frumoasă femeia respectivă!

Apropo de legături și de alegerea menirii de a-i ajuta pe oameni să se dezlege, la un moment dat vine la mine un bărbat trimis de sora lui. Aceasta, îngrijorată de schimbarea lui după ce cunoscuse o femeie, a crezut că este legat. A venit cu poza lui și i-am confirmat că așa era. Peste câteva zile mă trezesc cu un telefon de la o femeie.

– Auziți, domnule doctor, cum vă permiteți să vă băgați în familia mea?

Eu, neștiind despre ce este vorba, îi spun:

– O secundă, doamnă, că nu știu ce s-a întâmplat.

– După ce a venit la dumneavoastră la consultație, soțul meu și-a făcut bagajele și a plecat!
– Și ce vină am eu în asta?
– Păi, dumneavoastră i-ați spus că este legat.
– Dacă era, atunci i-am spus. Și apoi nu am făcut decât să-l dezleg.
– Păi e mai bine să stea așa, liber, să se plimbe prin mânăstiri?!
No comment!

Sunt femei care invocă sinele în timpul somnului. Mai exact, tu dormi și ele te trag în bărbatul cu care fac sex! În momentul orgasmului, odată cu energia care se destinde din bărbatul respectiv, este antrenat și sinele celuilalt bărbat, care rămâne legat în câmpurile femeii! Drăguț, nu?

Apoi ele trag foloasele pentru faptul că „închid gura copilului" din bărbatul respectiv. Prin asta se descarcă energia negativă din primul și îi scade capacitatea de a lua propriile hotărâri. Este o metodă folosită de obicei de femeile de afaceri și de cele care vor să păstreze dragostea nealterată a bărbaților lor, ei trăind actul sexual ca pe unul veșnic nou.

Legarea sinelui se practică și în artele marțiale. Înaintea unui concurs se poate face asta și luptătorul respectiv nici nu mai poate ridica brațele într-un meci de box, kick box sau santa.

Un om trezit este mai greu de legat, el va fi conștient de el însuși tot timpul și va simți că este tras de cineva. Soluția de a nu mai fi astfel folosit este creșterea conștiinței de sine și rugăciunea. Iar pentru sportivi, un antrenor care să-i poată proteja de astfel de practici.

Furtul sufletului

Este unul dintre cele mai frecvente atacuri care se face prin magie. Asta pentru că, prin esența lui, sufletul ca scânteie divină din noi are ca scop susținerea energetică și informațională a câmpurilor individului. Odată luat sufletul, omul nu mai are capacitatea de a se reface și i se mai taie cu ocazia asta accesul la lumină. Mulți știu despre existența sufletului: șamanii ruși, vrăjitorii țigani, evreii, radiesteziștii, călugării ortodocși, maeștrii Reiki, psihologii care se ocupă de pregătirea PSI a serviciilor secrete. Fiecare, dintr-un motiv sau altul, se consideră îndreptățit să acționeze asupra SN-ului altora. Din fericire, este interzis din punct de vedere divin. Iar pedeapsa este pe măsură. Există însă cazuri în care intervin legile karmei și sunt indivizi îndreptățiți să ia și să folosească în scopuri proprii sufletul altuia în virtutea unei datorii din altă viață! Sau sunt oameni care și-au vândut sufletul în altă viață și acum demonul revine după el, deși Dumnezeu a mai dat o șansă omului respectiv.

Primul pas ar fi descoperirea locului unde se află acesta: în lumea de sus, în astralul nostru sau în lumea de dedesubt. Următorul ar fi aducerea lui înapoi și refacerea lui dacă a fost rupt.

Se poate de asemenea cere judecată dreaptă și cere pedeapsă divină pentru asta, inclusiv chinurile iadului, care sunt biciuirea cu coada de pisică, frigul veșnic, focul veșnic, viermele care roade neîntrerupt.

Puterea unui individ este dată de dimensiunea sufletului său. Aceasta poate fi crescută prin creșterea numărului de entități de lumină obținute prin inițieri, lupte cu demonii sau daruri divine!

Sunt indivizi care cunosc existența și importanța sufletului și și-au atins limita spirituală, de aceea se cuplează cu alți oameni care au „suflet mare" doar pentru a le folosi puterea în sensul în care doresc ei. Există indivizi care fură în somn SN-ul altora și se folosesc de el ca să determine anumite lucruri. Se poate însă anihila din punct de vedere divin tot ceea ce au făcut ei folosindu-se de sufletul altora.

Una dintre cele mai bune forme de protecție a sufletului este dăruirea lui Maicii Domnului. Pur și simplu spun:

> *Maico, iartă-mă, dar eu nu sunt în stare să am grijă de sufletul meu și de aceea te rog să ai tu grijă de el și ți-l dăruiesc Ție! Amin!*

O altă formă de protecție este invocarea următoare:

> *În numele Sfintei Treimi mă îmbrac în lumina alb-argintie reflectorizantă a Sfintei Treimi pentru ca orice este malefic și nociv pentru mine să se ducă acolo unde vrea Bunul Dumnezeu în Univers!"*

O altă metodă de protecție este ascunderea în altă dimensiune. La un moment dat am vrut să atac PSI un om politic. Un gunoi uman. Nu mă puteam conecta la el. Era ascuns. Când am început să văd pe unde este, am descoperit că-l ascunseseră în dimensiunea imediat următoare. Deși e negru la suflet se ascunsese în lumină!

Invoc lumina Duhului Sfânt care se revarsă asupra mea precum o cascadă și oprește și spală orice energie și informație malefică și nocivă mie și o duce unde hotărăște Bunul Dumnezeu în Univers!

Chakrele

Sunt mulți centrii energetici care conectează omul la univers, ceruri și anticeruri. Multe dintre aceste chakre sunt blocate, cu voia lui Dumnezeu, pentru că nu am ajuns la nivelul la care să putem viețui cu ele activate.

Cele mai importante, cele șapte aflate pe partea mediană a corpului sunt cele care, până la urmă, ne determină în viața asta.

Din păcate, ele pot fi blocate, închise, rotite invers (deci deschise către anticeruri), deplasate de la locul lor, deformate. În toate aceste cazuri, ele nu mai funcționează corect și, prin urmare, organismul nostru nu mai capătă energia și informația care să ne susțină viața într-un mod optim.

La nivelul chakrelor se pot găsi corzi (stringuri) care sunt fie karmice, fie din viața asta.

Corzile karmice sunt de obicei legături cu persoane cu care am avut ceva de împărțit în alte vieți. Fie iubiri, fie uri, fie doar legături sexuale. Suntem legați de părinții din alte vieți, de frați, de mentori, de dușmani, puterea legăturii fiind determinată de intensitatea trăirii de atunci. La nivel astral, se poate vizualiza această legătură sub forma unei ațe fine, a unora mai groase, ca o parâmă care poate ține în loc un vapor sau precum lanțurile. Scopul nostru este rezolvarea acestora pentru ca, în final, să ajungem precum Iisus Hristos. Kirisuto, în japoneză, însemnând: „cel care a tăiat toate legăturile!" În zilele noastre, marea majoritate a legăturilor, a relațiilor de familie sau căsătoriilor, sunt karmice. Plata datoriilor karmice face ca relațiile să se sfârșească și prin asta să se rupă. Sunt cazuri în care vin la mine femei care au avut o căsătorie de peste zece ani. La un moment dat, soțul vine acasă, își ia lucrurile și pleacă. Doamnele rămân perplexe, dar din păcate prea mult timp. Nu înțeleg de ce li se întâmplă asta. De cele mai multe ori, femeile se „dizolvă" într-o căsnicie, își pierd identitatea. Despărțirea și apoi singurătatea este aceea care le permite să se regăsească, să-și pună întrebări și să înceapă să evolueze din punct de vedere spiritual. Ceea ce nu se înțelege, nici de către biserică, nici de către reprezentanții ei, este că prin căsătorie nu se urmărește un scop. Ea nu este un scop în sine, ci un mijloc. Nu este scopul vieții noastre, ci mijlocul prin care noi, oamenii, trebuie să învățăm colaborarea din cuplu. Este o stupizenie să spui unei femei să stea cu un bărbat indiferent ce se întâmplă. De câte ori nu am auzit la preoți ideea: „Te aruncă afară pe ușă, tu intri pe geam!"

Căsătoria este un moment în care apar legăturile între miri, legături manifestate în astral sub formă de stringuri din viața asta. Relația dintre doi oameni poare fi la nivel rațional, sentimental, instinctual și la nivel de Sine.

Ei se pot iubi la primele trei niveluri, dar la nivelul sinelui să se urască și să se chinuie unul pe celălalt. De multe ori, motivul pentru care privim durerile și chinurile celui de lângă noi, pe care chipurile îl iubim la nivelul lumii acesteia, este ca să-l putem ierta pentru o faptă din trecut!

Stringurile din viața actuală mai pot fi produse de relațiile sexuale, de relațiile de familie (legăturile cu mama de obicei), de iubiri sau uri din viața asta. Inițierile mai creează alte stringuri între maestru și discipol. Cert este că ele trebuie tăiate. Există în Shambala Reiki meditația prin care se taie legăturile karmice. Unele pot fi tăiate întrucât s-au rezolvat. Altele nu, pentru că nu s-au stins datoriile. De cele mai multe ori, viața curge ca o apă, pe calea minimei rezistențe. Așa că vom fi atrași întotdeauna de coarda cea mai putenică. După rezolvarea și tăierea ei, viața ne va duce spre următoarea ca putere și tot așa, până la sfârșit.

La un moment dat, eram supărat că sunt indivizi care au deja cunoaștere și pot influența chakrele superioare, cele de deasupra capului. Cum mă gândeam eu așa cam ce protecție aș putea să fac împotriva lor, L-am întrebat pe Doamne-Doamne ce trebuie să fac. Mi s-a spus că nimic, pentru că nu pot face ei nimic fără ca să știe El și că nu mi se va putea induce decât ceea ce lasă El și care este de folos în planul divin!

Așa că m-am lăsat în seama lui. La un moment dat totuși am primit cadou ceva. Simbolurile de acces la energiile lui Metatron. La el au puțini acces și deci nu pot trece peste voia lui Dumnezeu exprimată prin el.

Ca să afli cum se taie o felie de pâine, te poți uita la alții, dar până când nu o tai tu, tot nu știi dacă o să-ți tai și un deget sau nu.

Somnul

Visul este ultima găselniță de manipulare PSI. Motivul este simplu: este momentul în care conștientul nu mai funcționează sau, mă rog, funcționează mai puțin, și atunci orice se petrece în somn are efect la nivel de suflet și capătă prin asta o intensitate foarte mare.

Fapt cunoscut de actualii paranormali care, emițând pe chakra inimii, emit o energie capabilă să influențeze în somn pe semenii lor. Evident că nu este corect din punct de vedere divin.

Ca simplu om este destul de greu să te aperi. Singurul criteriu după care poți descoperi dacă ești sau nu influențat în somn este modul cum îți păstrezi deciziile. Se spune că noaptea este un sfetnic bun. Ei, nu mai este. Trăim alte vremuri. Eu, unul, dimineața trebuie să controlez și să verific dacă sunt OK în planurile subtile, dacă nu am vreun program implementat la nivel de suflet, în subconștient. Pierd foarte mult timp făcându-mi curățare dimineața. Poate va fi o soluție să fac tratamente dimineața, ca să am timp liber după amiaza.

Somnul. Cel mai banal și mai simplu lucru cu care suntem atât de obișnuiți încât nici măcar nu realizăm cât este de important. Am început să acordăm importanță alimentației, relațiilor cu ceilalți, ba chiar cu Dumnezeu, dar, în ceea ce privește acest act fiziologic, mai avem multe de învățat. Puțină lume știe că un câine poate trăi destul de mult fără mâncare sau chiar apă, dar nu fără somn. Lipsa lui sau, mai bine zis, împiedicarea câinelui să doarmă, îl omoară. Și nu atât somnul, cât visul, acel moment în care noi ne racordăm, în astral, la energiile divine.

Plecasem destul de demult de la spital, de pe secția de psihiatrie, când m-a sunat o asistentă care terminase între timp psihologia și cu care mă înțelesesem bine. Era mai deschisă la minte și asta o făcuse să fie mai receptivă la ceea ce făceam eu cu mult în afara a tot ceea ce înseamnă medicina clasică. Când a ajuns la mine, erau deja luni de când nu dormea decât câteva ore pe zi sau pe noapte. Restul și-l petrecea în fața televizorului, fumând, sau la servici când era de gardă.

Trebuie să avem în vedere că somnul ține de chakrele superioare, de care are grijă Bunul Dumnezeu. Este adevărat că noi, prin ceea ce facem, putem să le influențăm în bine sau rău, dar, până la urmă, cel care are decizia finală în ceea ce privește modul lor de funcționare tot El este și asta în funcție de elevarea spirituală a individului.

Asistenta se dusese și consultase o doctoriță psihiatră, care o trecuse pe medicație. Apoi pentru că nu-i trecea, tot insomnii avea, a trecut-o pe medicamente și mai tari. Până a spus ea singură stop. Și a venit la mine. Totul s-a petrecut destul de demult. Am trimis-o la dezlegări și să aducă un preot în casă, asta pentru că soțul ei, care lucra la brigada antitero, călcase pe coadă țiganii, care apelaseră la vrăjitoare. Ea avea de suferit și pentru că era mai sensibilă, dar și datorită naturii meseriei pe care o alesese sau din cauza karmei personale.

Concluzie. Insomnia poate fi datorată unui act magic care se rezolvă cel mai simplu și când nu știi prin biserică și slujitorii ei. Vă dați seama ce bucurie să nu te lase cineva să dormi 30 de zile!

În ceea ce mă privește pot spune că iau în seamă visurile. Pentru că din anumite puncte de vedere, adevărata viață spirituală, așa cum afirmă marii maeștrii, are loc la nivelul visului. Sunt coincidențe care au existat în visurile mele: de exemplu, dacă am visat-o pe prietena mea plecând, îndepărtându-se de mine, a urmat inevitabil o despărțire.

L-am visat pe cineva apropiat, un prieten, că treceam un râu, înotasem amândoi. În apă își pierduse pantofii. Era trist.

– Vrei să mă duc să ți-i caut? l-am întrebat.
– Nu. Dacă asta a fost voia lui Dumnezeu...
Și peste puțin timp a divorțat.

Un vis asemănător am avut eu înainte de a divorța.

Am observat că dacă visez femei sumar îmbrăcate sau că fac dragoste, a doua zi mi se întâmplă ceva: fie lovesc mașina, fie mă cert cu cineva, o descărcare nervoasă.

Unul dintre visurile pe care le-am avut a fost unul în care mă aflam într-o căruță plină cu pâine, vin și capete de porc. Din căruță dădeam celorlalți până ce am rămas doar cu capetele de porc. Problema este că, de fiecare dată când visez carne, mă îmbolnăvesc. Era perioada în care aveam mulți pacienți. L-am luat ca pe un vis premonitoriu și am scăzut numărul de pacienți pe care îi vedeam pe zi.

Ținând cont că visul este adevărata realitate spirituală, în mănăstire se reduce drastic somnul. Călugării cu adevărat buni dorm câteva ore pe noapte, mai exact între 4 și 7, apoi se mai culcă pe la prânz câteva ore. Lipsa de somn obligă creierul să treacă în alfa. Coroborată această stare cu rugăciunea, omul rămâne cantonat la limita dintre cele două lumi, cea materială și cea spirituală. Intrarea în această zonă permite vizualizările, deschiderea mai rapidă a ochilor sufletului și o deschidere mai bună către lumea spirituală.

Plus că privarea de somn face să se trezească șarpele kundalini, să se epuizeze celelalte energii, iar sinele nostru să devină manifest. Seamănă puțin cu antrenarea trupelor de elită. Post, mătănii, privare de somn, instrucție, totul este până la urmă un antrenament PSI specific.

În somn pleacă îngerul păzitor al omului. În trup rămâne sinele omului și, ține de trezia lui și de elevarea lui spirituală, acesta poate rămâne acolo sau se poate perinda prin lumea astrală, prin ceruri sau anticeruri. De aceea apare o vulnerabilitate în somn, o lipsă de protecție. Asta însă nu se întâmplă fără știrea lui Dumnezeu. Și ceea ce se întâmplă are un rost în elevarea noastră spirituală.

De aceea în sistemul Karuna Reiki apare protecția personală cu arhangheli puși în colțurile și centrul camerei pe timpul nopții. Și de aici diverse posibilități de protecție a trupului și câmpurilor în timpul nopții.

Visul mai poate reprezenta o eliberare a energiilor interioare din subconștient și interpretarea lui, așa cum magistral a făcut-o Freud. Poate că nu sunt de acord cu tot ce a spus el. Dar ca pionier în domeniu a deschis poarta spre subconștientul profund.

Somnambulismul are mai multe cauze: fie o posesie (nu toate spiritele care posedă trupul altui spirit sunt demoni, există spirite mai puțin evoluate care rămân ancorate între lumi și tind să se manifeste în lumea materială și iau orice trup pot), fie o legătură prea puternică între sine și trup ca mașină biochimică, iar acțiunile sinelui din timpul somnului, necontrolate de îngerul păzitor, fac să se manifeste în lumea materială. Cea mai bună soluție sunt slujbele ortodoxe de dezlegare.

Informarea lucrurilor

Ce înseamnă asta? Fiecare lucru este energie de un anume fel. Cu lumină se poate introduce în esența lui o informație fie spre bine (sfințirea de către preot a mâncării, a hainelor sau a altor lucruri precum casa, mașina etc.), fie în rău. Răul nu este decât binele inversat!

Manipularea emoțională

Vorbind despre aceasta mă gândesc și la mine.

La un moment dat am fost acuzat că folosesc cunoașterea pentru a face femeile să se îndrăgostească de mine. Cum încerc să verific orice lucru care mi se reproșează, am început să caut. Este adevărat că nu am nici o sută de ani, nici nu sunt ciung sau olog dar, chiar și așa, numărul femeilor care mă plac mai mult decât o simplă amiciție li se părea unora prea mare. Am ajuns însă la anumte concluzii pe care nu mă tem să le fac publice. Și anume că este adevărat că am făcut asta în procent de puțin peste 50%. Dar nu în totalitate conștient. Practicam ceea ce se numește manipularea pozitivă, care apare și în psihanaliză sau psihoterapie și care permite vindecarea unui individ pe baza legăturii afective dintre terapeut și pacient. Am făcut bine sau rău? Cert este că persoanele respective s-au schimbat. Problema este că nu poți acorda afecțiunea ta tuturor pacienților pe care le ai. Și atunci apare durerea lor – trebuie să precizez că în ORICE relație terapeut-pacient apare la un moment dat ruptura când pacientul este pregătit să se descurce singur. Și asta se face tot prin durere, prin supărarea lui asupra terapeutului. Motivul principal al îndrăgostirii unui pacient de terapeutul lui este faptul că, prin ajutorul primit, prin curățarea sufletului său de ceea ce a adunat în ani, apare un sentiment imens de recunoștință care, fiind de intensitate foarte mare, creează senzația îndrăgostirii. Poate că trebuia să explic mai mult acest mecanism pentru ca fiecare dintre doamnele care au venit la mine să înțeleagă.

Concluzia este că într-adevăr iubirea poate fi indusă PSI.

La fel și ura. Una dintre maestrele pe care le-am făcut a venit la mine la început doar ca să se spovedească. Îi dăduse prietenului ei menstruație în mâncare spunând: „Așa cum eu nu pot trăi fără sângele meu, așa să nu poți trăi tu fără mine!" O făcuse pentru că el nu credea în magie și l-a legat. Dar ca lumea. Ce mi-a plăcut la ea este că s-a căit, a plătit și a început să urce. Asta da formă de manipulare emoțională, chiar dacă apare substratul material pentru inducerea unui gând, unei stări, altui individ!

Unul dintre motivele pentru care suferă oamenii când se despart este pentru că ei înșiși proiectează dorințele lor într-un viitor pe care îl văd în comun cu persoana pe care o iubesc. Adicătelea, mai exact, io mă îndrăgostesc de o femeie și încep să visez cum o să avem copii, casă, mașină, cum ne ducem în excursii împreună. Asta se face și pe fondul discuțiilor pe care le avem noi doi. Ne mai și imaginăm cum o să fie și aproape vedem asta. Dar viața, Dumnezeu, hotărăște altfel și se întâmplă ceva. Unul pleacă poate pentru că își vede viitorul alături de altcineva, iar celălalt rămâne singur cu visurile pe care și le-a făcut. Și deodată viitorul i se pare închis. Nu mai vede nimic, pentru că nu poate, și viața i se pare un drum închis. El are nevoie de timp pentru a își reconstrui viitorul în alt sens. Începe o școală, un curs de dansuri. Trebuie să facă ceva nou pentru a reveni pe linia de plutire. Știind asta, am cunoscut o fată care inducea un viitor comun pentru ea și bărbatul pe care îl dorea. Afla ce își dorește acesta și apoi imagina acest viitor ca pe un film și i-l inducea bărbatului. Frumos, nu?

Știa că viitorul este previzibil și schimbabil și alegea ceea ce îi convenea ei din ceeea ce avea să se întâmple!

Eu unul am o soție cu care mă înțeleg foarte bine. Poate faptul că m-a înțeles și m-a acceptat așa cum sunt, cu bunele și cu relele mele, a făcut să țin la ea mai mult. Din când în când îmi apăreau furii inexplicabile care încercau să dărâme ceea ce construiam noi. Am măsurat și am descoperit că cineva din trecutul meu nu-mi dădea pace și avea o coardă în sufletul meu care nu-mi permitea să îmi trăiesc viața. Aveam corzi și din partea prietenei mele care a murit și din partea altei prietene care trăiește, dar fără mine.

Deci și ura poate fi indusă la nivel de SN.

Și la fel indiferența, patima sexuală, gelozia, egoismul. Cu o singură condiție – să găsească o mică breșă între cei doi.

Manipularea emoțională nu se referă doar la cupluri, ci se aplică în orice domeniu. Cam ce s-ar face o armată dacă ar fi deodată cuprinsă de frică? Sau un boxer profesionist? Cine știe că emoțiile nu există în realitate, ci că sunt doar energii care pot fi preluate și transmise mai departe se poate „juca la infinit" cu ele.

La un moment dat, nu știu dacă am mai povestit despre asta, am fost chemat la o editură ca să o cunosc pe patroana ei. Pe când vorbeam de una și de alta, a început să-mi spună o poveste despre cum au apărut îngerii și demonii. Cum că în soare erau doi frați care nu cunoșteau iertarea și atunci unul s-a sacrificat și a hotărât să devină demon pentru ca celălat să poată afla ce este mila! Vax albina! Evident că m-am supărat pentru că încerca să-mi inducă iubirea față de rău. Cu timpul am ajuns la concluzia că pe undeva avea dreptate: răul trebuie iubit, ajutat și îndrumat, doar că forma de manipulare pe care o încercase cu mine nu era în spiritul adevărului. Și apoi cel care emisese pentru întâia oară ideea iertării și iubirii dușmanului lui Dumnezeu a fost părintele Galeriu!

Furtul îngerului și al luminii

Pare neverosimil că până și binele din om poate fi legat sau împiedicat să-și îndeplinească menirea. Trist, dar adevărat.

În esență, este simplă explicația și nu voi da zeci de exemple de oameni care au trecut prin asta. Prin naștere, omul are un înger păzitor, numai rar și în cazul în care are o misiune specială de îndeplinit pe pământ primește de la bun început mai mulți. În timp, prin greșelile pe care le face, indiferent câți are, ei se îndepărtează. Nu prea sunt curioși să fie de față la prostiile noastre și în nici un caz nu le place să ne privească făcând sex! Odată cu îndepărtarea lor, devenim vulnerabili în fața răului. Cam ce înseamnă doi sau zece îngeri pe lângă o legiune de demoni? Și iată că un vrăjitor care poate trimite una singură te poate face din om neom. Și ăsta este unul mic. Cel mai bun pe care l-am întâlnit era o femeie, evreică, și care ducea după ea cinci sute de legiuni de demoni! Și să te mai miri cum de le merg bine afacerile!

Așa că posibilitatea de a lua prizonier un înger devine o bagatelă. Bineînțeles că, din punct de vedere energetic, privit prin prisma lumii a doua, cea energetică, lumina nu este propriu-zis legată, ci se taie legătura cu ea. Astfel, un om poate fi astupat într-o grămadă de întuneric, poate fi izolat în cilindri, sfere au alte spații pline de întuneric și atunci omul respectiv nu mai are acces la lumina care izvorăște din Duhul Sfânt și care ne ține în viață.

De asemnea, există oameni care au vibrația, lumina interioară, mai mare decât a îngerilor păzitori și atunci îi pot lega. Preoții sau episcopii, chiar dacă nu au o lumină bună, o pot face folosind Tainele Bisericii, precum mirul sfințit o dată la cinci ani.

De multe ori, îngerul nu face față vieții omului respectiv și atunci el poate fi schimbat de Dumnezeu la rugămintea celor care au căpătat acest dar, simpli oameni sau preoți. Există o rugăciune frumoasă care poate determina aceasta:

> *Doamne, Dumnezeul Lui Israel, Cel Preaînalt și Preaputernic, Cel care dai viață tuturor, Cel care chemi de la întuneric la lumină, de la rătăcire la adevăr și de la moarte la viață, Stăpâne dă viață și binecuvântează pe acesta (numele). Înnoiește-l cu Duhul Tău cel Sfânt, plăsmuiește-l încă odată cu mâna ta cea ascunsă și dă-i încă odată viață cu viața Ta ca să mănânce pâinea vieții Tale și să bea potirul binecuvântării Tale, să intre și în odihna Ta pe care ai pregătit-o numai celor aleși. Amin.*

Rugăciunea am găsit-o întîmplător în Biblia ortodoxă și era a unui bărbat pentru o femeie care se supărase pe el și, ne mai putând să se împace cu ea, s-a rugat la Dumnezeu să intervină. Lucrurile, în urma acestui fapt, s-au îndreptat și cei doi îndrăgostiți s-au împăcat, iar cea care o luase pe cărări greșite s-a întors la credință prin intervenție divină la rugămintea celui care o iubea. Este o rugăciune bună de împăcare dacă ai epuizat toate mijloacele de a te mai apropia de cel sau de cea iubită.

Un singur lucru nu poate face această rugăciune – să oprească despărțirile karmice. Le întârzie, dar nu le schimbă.

Mai există o acțiune, dar se poate numi impropriu furt de îngeri, întrucât se bazează pe ierarhia cerească și implicit pe cea pământească, care este similară ei. În general, ierarhia bisericii o respectă și este în concordanță cu aceea cerească și este descrisă de Dionisie Pseudo-Areopagitul, parcă. Doar că preasfinții noștri episcopi, pierzându-și harul, acesta a fost luat de oameni simpli și, la ora actuală, există unii, fie că sunt radiestezişti, fie că sunt maeștri Reiki, șamani sau maeștri Chi Kung, care le-au luat locul și pot să poruncească îngerilor și chiar arhanghelilor. Ei au dreptul prin trăirea lor să poruncească îngerilor păzitori ai unui om să vină, să-i spună una alta și chiar să-i folosească. Este dreptul celui care are cunoaștere, curăție spirituală și putere mai mare! Asta dacă ceilați oameni cărora li se face asta nu știu.

Legarea îngerilor începe chiar din biserică, cu acordul sau ignoranța preoților care permit ritualuri precum legarea de noduri în timpul citirii celor 12 evanghelii!

– Ce legi? am întrebat la un moment dat o femeie care tocmai făcuse un asemenea ritual.

– Nu știu! a fost răspunsul. Mi s-a spus să fac nodurile și să le desfac când am nevoie de ceva sau am o problemă.

– Este un ritual vrăjitoresc de legare a îngerilor lui Dumnezeu! am spus.

El stă legat și drept recompensă că i se dă drumul îți face voia. Nu are nimic creștin în ea! Nu îl văd nici pe Iisus Hristos nici pe Maica făcând noduri în timpul slujbei. Și asta sub privirile îngăduitoare ale preoților!

Mă tot întreb de ce nu se raportează oamenii la Dumnezeu în ceea ce fac! Le-ar fi mai ușor și nu ar mai greși atât!

Un alt mod este condiționarea îngerilor ca să nu te asculte. De obicei, o face cineva cu cunoaștere și care, într-un fel sau în altul, are acces la lumină.

Mi s-a întâmplat de mai multe ori să nu îmi pot folosi îngerii. Stăteau în astral ca niște statui de lumină, fără să se miște. Dacă nu ar fi fost Mihai, un heruvim sau Sfântul Arsenie Boca, peste care nu pot trece măriile lor preoții și episcopii sau femeile care îi ajută în nenorocirile lor, mi-ar fi fost greu să înțeleg. Nu voi spune cum se face, dar voi spune cum se desfac. Se dă lumină propriilor îngeri care au fost furați, fie prin mirungere, fie prin împărtășanie. Se deschide sursa de lumină pe ei și se anihilează programele care le-au fost implementate.

Harul unui om este dat de Dumnezeu. Darul de a scrie, de a cânta, se datorează unor îngeri pe care Dumnezeu îi dă oamenilor pentru a-i ajuta în menirea lor de pe pământ.

Din păcate, sunt unii care nu au somn noaptea și, având cunoaștere spirituală, invocă îngerii altora. Mă deranja că pe acela care mă ajută pe mine la scris mi-l lua o cucoană. Și mă trezeam gol. Poți avea în tine multe, dar, fără înger, forma în care iese ceea ce scrii nu este la fel de frumoasă. Eram supărat, până am realizat că ea nu putea face nimic cu îngerul meu. Putea afla multe, scria multe, dar din punct de vedere divin nu avea dreptul și de aceea degeaba scria, nu avea „condeiul" care este dat de Dumnezeu. Plus că poți scrie, dar este important și cum ești receptat de cei care citesc, lucru îngăduit tot de Dumnezeu! M-am liniștit. Ceea ce scriu este din experiența mea proprie. Așa că, din fericire, nimeni nu-mi poate lua asta. Bună, rea, în curățenie și în păcat este viața mea și meritul sau nemeritul meu.

Furtul întunericului

La prima vedere, furtul întunericului este un lucru bun, dar nu întotdeauna. Nu știu dacă ați urmărit de exemplu filmul Rocky, cu Silvester Stalone. La un moment dat, antrenorul îi spune că nu mai are privirea de fiară a unui boxer profesionist. Trebuie să fac o precizare: prin antrenament se produce o supraîncărcare cu energie negativă. Mai exact, cu demoni. Problema este că nu oricine poate face asta datorită unui lucru elementar: fiecare are o limită de stăpânire a răului în el determinată de multe caracteristici personale ce țin de viața asta sau de altele. Prima și cea mai importantă este Dumnezeu. Un antrenor al meu de box, un om deosebit, pe care niciodată nu l-am auzit vorbind urât sau de rău pe cineva, supărat pe cei pe care îi antrena, le-a spus: „Dacă v-a făcut Dumnezeu boxeri, fiți mă ca lumea și serioși!"

Stăteam și mă gândeam la ceea ce spusese și nu înțelegeam. De ce să vrea Dumnezeu să pună pe niște oameni să-și dea pumni în cap. Mi se părea un nonsens.

La un alt campionat, de data asta de karate, un alt mare antrenor, care se specilizase în a pregăti practicanți de shotokan pentru kumite (luptă), a spus când a fost întrebat ce face: „Am adus copiii ăștia să-și mai consume energiile!"

Coroborând cele două declarații, am început să caut de ce îngăduie Dumnezeu toate acestea. Nu El vrea asta, ci noi ne lăsăm duși de karma noastră, de energiile noastre, în locurile cu care rezonăm. Exact ca în cazul unei femei care vine la mine după ce a fost la nu-știu-câte vrăjitoare și care mă întreba de ce nu a mers ea la preoți. Pentru că altădată fusese vrăjitoare și asta o atrăgea!

Revenind la tot ceea ce înseamnă sport de contact. E clar că trebuie să fii făcut pentru așa ceva. Dacă interiorul tău nu are nimic de luptător, nu poți lupta, nu? Dar sentimentul care stă la baza oricărui conflict, ceea ce determină dorința de luptă, este URA!

Am constatat că orice luptător, pe măsură ce se bate, pierde din această ură și privirea i se schimbă în caldă și liniștită. Am fost supărat că soarta nu mi-a îngăduit să lupt în ring, pe tatami, și că am fost mereu un observator a tot ceea ce se întâmplă în jurul lor. Am realizat mai târziu de ce. Sunt un reporter sau asta este menirea mea, să studiez un lucru, să îl analizez și să trag concluzii. Cât de pertinente sunt cercetările mele va decide trecerea timpului și practica.

În orice caz am început să măsor cât Chi greu sau energie Ka poate stoca un luptător. Și așa am ajuns la rezultate interesante. Tyson este unul dintre cei mai mari din acest punct de vedere, dar mai sunt și alții, precum sensei Hitoshi Kasuya. Și la ei este vorba de legiuni întregi de demoni.

Este importantă această diminesiune a spiritului uman pentru că în cazul unei lupte se va impune în timp cel mai bine antrenat, cel care are mai multă energie Ka. Evident că la asta se adaugă tehnica, forța, viteza de reacție și, nu în ultimul rând, Dumnezeu.

Astfel, Dumnezeu a creat un sistem, cel competițional, pentru ca aceia care mai au probleme de neiubire, mai exact ură, din alte vieți să și-l poată manifesta într-un cadru legal divin, dar și uman.

Ba, conform legilor divine, va veni momentul în care va fi interzis să mai ieși cu entitățile nergative de luptă după tine pe stradă și asta pentru că propriul tău câmp îi afectează pe ceilalți.

Făceam, ca de obicei, experiențe și mă duceam încărcat negativ în unele locuri pentru a vedea ce se întâmplă în jurul meu. Am ajuns, datorită artelor marțiale, la un nivel destul de bun în a duce cu mine demoni fără să manifest acest rău sau să-mi afecteze gândirea. Apropo, pentru cei care mă mai judecă: să măsoare asta și, când vor ajunge să poată face la fel, să vorbească.

Inevitabil, când țin demoni în mine, în jurul meu se întâmplă ceva rău. Fie oamenii încep să se certe degeaba, fie îi apucă durerea de cap, fie au loc accidente dintre cele mai ciudate. Cert este că pot spune sigur că nimeni nu rămâne neatins de prezența răului care se află în cineva. Plus că a ține în tine răul face ca trupul, și așa deteriorat de defectele transmise genetic, să se distrugă mai repede. Este adevărat că a învinge răul din tine în fiecare clipă a vieții tale te face cu adevărat deosebit la nivel astral, dar este cea mai grea formă de evoluție. Cea a maeștrilor de arte marțiale, a călugărilor shaolin, a yoghinilor.

Dacă cei care se ocupă de arte marțiale ar urmări emisiunile despre călugării shaolin ar observa că ei nu țin energia Ka în ei și că o iau din pământ la începutul unui exercițiu, tao lu, sau demonstrații și o bagă la loc la sfârșit! Plus că nu mănâncă deloc carne și lumina lor interioară le permite să jongleze cu Ka-ul!

Puterea interioară a unui sportiv vine din această energie Ka. Antrenamentul face ca să se deschidă mai mult decât la ceilalți oameni chakra I și a II-a, iar asta îi conectează la energiile telurice.

Din păcate, se face acest furt al întunericului și se proiectează pe luptătorii ceilalți. Ei nici măcar nu știu ce se întâmplă. S-a ajuns astfel să nu se mai poarte lupta în ring, unde să învingă cel mai bun sau cel care s-a antrenat cel mai mult și care a renunțat la multe pentru a-și face propria menire, ci în culise de către paranormali care știu bine ceea ce fac!

Este corect? Dumnezeu știe. Dar mie unul nu cred că mi-ar plăcea să mă trezesc că după ce m-am antrenat ani de zile mă duc în ring și rămân ca un miel la tăiere pentru că în spatele adversarului meu este unul care are cunoaștere și mă lasă în fundul gol!

Plus că dimensiunea întunericului din tine îți dă capacitatea de a răzbi în viață, dorința de a trăi. Dacă am fi numai lumină ne-am dori să ne ridicăm la cer. Cei care au blocaje pe primele chakre sunt aerieni, neancorați în lumea materială. Nici binele nu-l poți face dacă nu ai măcar o ancoră aici! Îți lipsește precizia și capacitatea de a fi concis în ceea ce faci.

Nu am să vorbesc despre cum se face. Iar în ceea ce privește apărarea, asta este de domeniul maeștrilor, așa că nu ar folosi publicului larg deconspirarea metodelor.

CAPITOLUL 3

Tipurile de energie folosite în atacul PSI

Energia Ka sau întunericul, cu tipurile ei de vibrații, mai exact energii din cerurile inferioare celui în care trăim noi. „Și atunci a despărțit Dumnezeu Lumina de Întuneric!" Spuneam că este un alt tip de energie și că nu este lipsa luminii. Întunericul este o altă formă de manifestare a lui Dumnezeu. Pentru că se spune că Dumnezeu este pretutindeni, așadar inclusiv în iad, și atunci și Întunericul este tot din și în Dumnezeu. Iadul nu este echivalent cu Întunericul. Iadul se află în Întuneric, dar la fel și Universul material.

Așa că trebuie să fac o precizare asupra inițierilor pe întuneric, cum sunt de exemplu inițierile din artele marțiale sau din diverse rituri, unele chiar masonice. Până la urmă, nu este importantă inițierea pe care o face cineva, pe lumină sau pe întuneric. Pentru că degeaba ești preot ortodox sau episcop, maestru Reiki sau radiestezist, și legi și tai și folosești cunoașterea și lumina pentru a lovi cu ea și ca să-ți faci casa mai mare și să-ți umpli buzunarele fără să-ți pese de cel de lângă tine. Îi prefer pe cei inițiați pe întuneric, dar care folosesc cunoașterea ca să-și ajute și să-și învețe semenii. Pentru că cel mai important este ce faci, cum faci și de ce faci, cu ceea ce ai, pentru tine, semenii tăi și Dumnezeu.

Lumina sau energia Chi, tipuri de energie superioare dimensiunii în care trăim noi. Tot aud oameni mai naivi vorbind despre noua energie. Nu există o nouă energie – energii de vibrații superioare, lumină din ceruri de mai sus de până acum, da. Dar nu alte energii. Energia, lumina este una și ea izvorăște de la Duhul Sfânt. Cu cât se depărtează de Dumnezeu, intensitatea ei scade, dar toate ființele, spirituale sau fizice, există în ea, prin ea și datorită ei. Energiile celelalte pe care le cunoaștem sunt din ea și sunt precum culorile curcubeului care formează o singură culoare, albă, din care ele însele provin.

Este adevărat că la ora actuală trebuie să tindem să ajungem la o lumină interioară LI sau DH de 56%, care va fi considerat pragul normal, și că toți cei aflați sub această limită vor avea probleme de tipul celor karmice. Deci plăți prin boală, accidente, suferințe sufletești, pierderi bănești. Îmi fac datoria să spun!

La un moment dat mi s-a propus să fac o emisiune la televiziune având ca subiecte titlurile capitolelor din *Atacul PSI*. Mi se punea însă condiția să nu spun că folosesc LUMINA în terapie! Ci să vorbesc despre bioenergie, despre magnetism animal, orice, dar nu lumină. Ea este în patrimoniul bisericii ortodoxe. Numai biserica, prin Împărtășanie și eventual de Paște are acces la ea! (Era o ironie.) FALS! Îmi pare rău, dar mi-e mult prea drag adevărul ca să mint. Sunt energii care sunt superioare ca vibrație Împărtășaniei unor preoți și asta pentru simplu motiv că fiecare preot nu poate primi decât energia de vibrație specifică lui. Nu pot mai mult pentru că i-ar arde!

Biserica a încercat să acopere mizeriile slujitorilor ei prin multe zicale. Una era de exemplu că: și prin fier și prin aur trece curentul electric. Referindu-se la faptul că, indiferent de păcatele preotului, lumina Sfântului Duh coboară prin el. Este adevărat. Dar nu în totalitate. Împărtășania are valori diferite de la preot la preot, de la epsicop la episcop, și asta funcție de nivelul la care a ajuns el. Lumina interioară se modifică în funcție de ceea ce facem și asta este valabil și la fețele bisericești. Așa că nu m-aș împărtăși de la oricine.

La un moment dat, au venit la mine doi dintre cursanții mei. Se duseseră să se împărtășească și le fusese rău. Cercetând de ce, am descoperit că lumina interoară a preotului era mai mică decât a lor! În loc să-i ajute, le făcuse mai mult rău. Am vrut să mă duc la el, să-i spun să se lase de astea că face mai mult rău decât bine. Dar Doamne-Doamne mi-a spus să îl ajut. Mie, de cele mai multe ori, mi-e mai ușor să dau cu ranga decât să ajut, dar ținând cont că Șefu nu prea greșește, am făcut-o. Și descopăr că este el însuși victima unui atac și că cineva încerca să-l folosească în orb. Nu avea nici o vină. Ce altceva pot să le spun celor care slujesc Lumina decât să curețe și ei la rândul lor pe preoții care slujesc Sfintele Taine și își fac treaba, pentru că și ei au ispite mari.

Spiritele pământului: pământ, apă, aer, foc, lemn, metal, eter, gheață, plasmă, energii care stau la baza alcătuirii lumii pământene.

Energii care alcătuiesc viul: toate tipurile de energie care stau la baza alcătuirii structurilor omului, sufletul de om sau de animal, șarpele kundalini, câmpuri de la oameni și animale care au murit sau au fost sacrificate și pot fi informate, iar prin rezonanță se integrează structurii unui ins oarecare.

Spiritele
Spiritele folosite în atacul PSI:
– îngerii;
– demonii;
Entitățile create de demoni, ENM, ENBF, ECM, se anihilează și ENB se trimit la Dumnezeu și SN-ul lor.

Îngerii
Am mai spus despre folosirea lor pentru manipulare, am scris despre folosirea arhanghelilor ca să mă împiedice să scriu, fiind puși de strajă pe calculatorul meu.

Îngerii au arme, pot tăia câmpurile, pot trimite raze de lumină (precum Rafail și Metatron) sau crea forme de protecție personală.

Demonii
Folosirea demonilor în magie este frecventă, pentru că ei pot induce orice, de la idei, instincte, sentimente, care duc evident de la vicii, la dorința de suicid.

Demonii au ei înșiși niște legi după care acționează, care le sunt îngăduite de Dumnezeu. Din păcate, omul, care este dotat cu voință proprie, poate trece peste aceste legi și face mult mai rău decât demonul însuși.

O doamnă, nu mai are importanță numele ei, s-a gândit să-mi saboteze terapia. Era destul de greu, pentru că aveam deja program ca oricine împiedică oamenii să ajungă la mine ca să se vindece să preia el și familia lui karma acelui om! Dur, nu? Cert este că știind unde fac măsurătorile, care este locul pe care stau, mi-a trimis într-o bună zi demoni pe acel fotoliu. Măsurătorile mergeau anapoda, ideile îmi erau cam șugubețe și atunci am vrut să văd ce se întâmplă. Și am găsit. De atunci am grijă unde mă așez și ce este pe acel loc, curăț energetic, pentru că o banală amprentă energetică neintenționată, lăsată de cineva încărcat negativ, te poate influența.

Cum se poate scăpa de demoni?

Rugăciunea și postul sunt îndemnul cristic. În general, citirea Psalmilor face ca demonii să plece. Pot da exemplul clasic al lui David și al lui Saul. Ultimul avea crize de nervi în care ajungea să omoare degeaba pe cine era lângă el și se liniștea numai la ascultarea Psalmilor cântați la harpă de David. Era o formă de exorcizare.

Mătăniile sunt un alt mod de exorcizare. Demonul nu își poate pleca capul, cu atât mai puțin să îngenuncheze în fața lui Dumnezeu.

Și mai drăguț este că aceeași doamnă îmi trimitea un demon specializat pe sex ca să fac dragoste cu indiferent cine! Mai târziu, când am început să mai văd câte ceva, îl găseam acasă, în mijlocul patului. Simpla așezare pe pat era suficientă ca să-l preiei. Așa că, dacă îl simțeam, încercam să aflu ce anume fusese pus să facă de doamna mea. Nu se supăra să-mi spună, pentru că îl ținea legat de marginea de la pat cât timp poza toată ziua în sfântă. Și îl folosea doar noaptea, introducându-l în bărbații pe care îi aducea acasă. Iar el, pentru că îl chinuia, îi făcea damblalele! Așa că era departe de a o iubi. Nici pe mine nu mă adoră demonii, dar știu un lucru: că sunt drept și nu am isteriile unei femei care, când se enervează, sparge vaze ca să se descarce! Și nu-i chinui. Știți că din punct de vedere psihologic cineva care chinuie pe altcineva, indiferent că este vorba de demon, are și el o păsărică pe creier? Iisus nu a chinuit demonii, i-a trimis în porci fără să le facă nimic. El este model de echilibru din punct de vedere psihologic. Așa că acelora care mai întrezăresc în ei dorința de a chinui, indiferent că este vorba de femei, de animale, de demoni, îi sfătuiesc să se caute.

Nu mă deranja prezența lui, ci faptul că era programat să mă facă să ejaculez. Nu neapărat precoce, dar să o fac, iar dacă o făceam de mai multe ori într-o noapte era perfect. Având cunoștințe de yoga și practicând continența, ea știa că prin orgasm se pierde energie, se spoliază organismul și de minerale, vitamine, aminoacizi esențiali și altele și spera ca prin asta să-mi pierd puterea psihică. Surpriză! Poți să nu implici anumite energii în actul sexual și, prin urmare, să nu le pierzi. Supărătoare este lipsa de imaginație. Vezi că nu „îți intră o ghidușie" și perseverezi să o folosești?! E dovadă de lipsă de materie cenușie!

Demonii se pot folosi pentru orice: manipularea unui om, distrugerea unui aparat, încurcarea unei situații. Spiritele care pot fi opuse lui sunt arhanghelii, indiferent că este vorba de protecția împotriva lor sau de îndepărtarea lor.

De asemenea, sunt vibrații la care ei nu pot rezista. Ceva de genul țânțarilor care mor la aparatele care emit pe ultrascurte. Folosirea aparatelor care emit pe asemnea frecvență, muzică de acest gen, clopotele tibetane pot alunga demonii. Ele, datorită vibrației mari, pot curăța locurile unde se aud.

Ca și îngerii pot fi folosiți în distrugerea aparatelor electrice, de la calculator la mașini sau alte vehicule. Numărul lor este important, dar și modul în care sunt folosiți.

Un exemplu de folosire a demonilor. În timpul alegerilor, una dintre susținătoarele marelui partid îmi trimitea acasă un demon, demonul curviei (Melfion se cheamă în ortodoxie), pe care doamna psiholog îl ținea legat de pat și îl folosea introducându-l în bărbații cu care făcea dragoste.

Stilul ei era simpatic. Ca bărbat, te ținea de vorbă până ce se făcea târziu de te lua somnul, apoi, pentru că o parte a psihicului tău se ducea în legea lui la somn, introducea în trupul tău demonul respectiv, pe care ea îl satisfăcea din toate punctele de vedere. Apoi îl lega la loc de pat, folosindu-l mai departe în scopurile ei, care de cele mai multe ori aveau conotație sexuală. Era un fel de manipulare PSI, pentru că prin Melfion ea făcea ca bărbații să o dorească nu mult, ci foarte mult. Pentru că tu, ca simplu om, nu puteai rezista unui demon care este de sute sau mii de ori mai puternic decât tine, el fiind format din mii de entități.

Un alt mod prin care încerca să mă denigreze era folosirea demonilor pe care îi trimitea pe fotoliul meu de consultație!

A fost o chestie destul de ciudată să descopăr asta. Într-o zi m-am dus la cabinet și m-am așezat ca de obicei pe fotoliul pe care stau și fac măsurători. (Știa unde, pentru că mă văzuse la cabinet.) Numai că rezultatele mele o luaseră razna. Nimic nu mai concorda cu realitatea. Nu mi-am dat seama ce se întâmplă până când nu m-am ridicat să mă duc în altă cameră. La întoarcere, am simțit câmpul de pe fotoliu și așa am descoperit entitatea. De aici până la a descoperi ce este și cine l-a trimis a fost doar un pas. Doamna asta era complet împotriva măsurătorilor radiestezice, zicând tot timpul că dau erori. Este adevărat că trebuie să fii într-o anume stare ca acuratețea măsurătorii să fie de sută la sută, dar de asta nu este de vină radiestezia, ci operatorul. În ceea ce mă privește, pot spune că după ce am făcut dragoste sigur nu mai am precizie mare. Cert este că de măsurători le e frică celor care au ceva de ascuns. Îi e frică bisericii (sunt episcopii masoni care au niște valori ale luminii interioare că nici nu m-aș apropia de împărtășania pe care o fac ei sau de agheazma lor), le este frică politicienilor care par a fi în lumină, dar înăuntrul lor sunt mai negrii ca Aghiuță etc. Nu am nimic de ascuns, deci nu mă protejez împotriva măsurătorilor!

La un moment dat, a venit la mine un domn ca să-i măsor cine îi furase un monitor cu cristale lichide dintr-un amfiteatru. Poate că ar fi trebuit să-i spun că nu sunt în cea mai bună condiție ca să fac măsurători, pentru că tocmai mă ocupasem de treburi mai lumești. Inițial am avut senzația că era mai mult o încercare, un test, decât un furt real. Se făcuse și sfeștanie după furtul respectiv. Încercându-se oare să se șteargă urmele energetice ale adevărului privind dispariția monitorului? Mă mai gândesc la asta.

Atacul PSI prin demoni urmărește de fapt exacerbarea viciilor, a instinctelor și a sentimentelor și pervertirea gândurilor.

În timpul alegerilor, un demon al sexului îmi era trimis în fiecare noapte din considerentul că prin ejaculare se pierde energie și automat putere! Țeapă! Este adevărat, numai că puterea nu vine numai de la energia sexuală.

Se întâmpla să mă trezesc din somn cu foame și să mă duc să mănânc. Odată ce mâncam, legam în mine energii cu programe care să mă împiedice să fac ceea ce îmi propusesem: PSD-ul să piardă alegerile. Ce este ciudat că, deși au pierdut, încă nu s-au lecuit și folosesc același tip agresiv de luptă PSI împotriva guvernului. Pe ei nu-i interesează poporul român, ci puterea, cercurile înalte prin care s-ar putea învârti dacă ar fi realeși. Beleaua lor este că nu sunt singurul împotrivă și chiar și singur le-aș fi destul. Atâta timp cât am de partea mea lumina o să fie o opoziție virulentă și atât.

Spiritele rătăcitoare dintre lumi

Există oameni care au murit și care, fie nu au beneficiat de slujbe de înmormântare ca lumea, fie că nu știu ce s-a întâmplat cu ele și rămân prinse între lumi. Ele pot fi legate de cei cu cunoaștere și folosite. Sunt precum sclavii, dar la nivel spiritual. E clar că nu pot fi folosite astfel decât de cei cu cunoaștere și putere foarte mare. În acest caz, păcatul, din punct de vedere divin, este al celui cu cunoaștere. De multe ori exorcizările nu se referă la demoni, ci la spirite rătăcitoare, în general spirite nebotezate care nu intră în legile cristice.

Posesia de către spiritele inferioare

Folosirea demonilor în atacurile PSI este foarte frecventă și este des utilizată de țigani și evrei. La un moment dat, a venit la mine un turc care avea viciul cazinourilor. M-a rugat să-l ajut să scape de aceste viciu care îl dusese la sapă de lemn. Am descoperit că locul unde se ducea să joace, un cazinou, avea angajat personal care se ocupa de protecție și manipulare PSI și care folosea demonii în racolarea viitorilor jucători. Nu făceau decât să trimită demonii să aducă indivizi care să joace la cazinou. Evident că undeva, în interior, aceștia rezonau cu jocul de noroc, dar tot o încălcare a liberului arbitru este. Nu este de mirare că majoritatea cazinourilor sunt evreiești. Cum parcă nu era destul, turcul meu a mai intrat în combinație și cu țiganii cămătari și era dator și la ei. Dar despre modul cum fac țiganii cămătari, am scris în „Magia țiganilor" (vezi *Arta războiului PSI*).

Posesia de către spiritele superioare

Cineva ar putea zice că nu este posibil așa ceva. Din păcate, este. Sunt mulți cei care, din considerente pe care am să le enumăr, cred că pot încălca liberul arbitru al cuiva. Asta se produce în general din cauza celor inițiați pe lumină: maeștri Reiki, radiestezișți, preoți, episcopi. În primul rând, trebuie lămurit un lucru. Preoții și episcopii ortodocși nu sunt singurii care primesc la tundere sau hirotonisire îngeri care să-i ajute în misiunile personale. Sunt oameni care, pentru a înțelege înțelepciunea cu care Dumnezeu a creat și conduce lumea, primesc în ajutor heruvimi (îngerii din fața tronului ceresc!). Dar a le permite să se manifeste tot timpul prin mine înseamnă că eu nu mai pot face tot timpul ceea ce cred de cuviință. Dar nu despre asta este vorba, ci despre a utiliza îngerii pe care îi primești pentru a te folosi de alții.

Îngerii condiționați prin inițieri, optimizări și hirotonisiri

Este un păcat ca un maestru Reiki să condiționeze îngerii pe care îi dă celui pe care îl inițiază pentru a-l ține pe acesta legat de el. Omul simte când maestrul face asta. Mulți mi-au spus că, la un moment dat, nu au mai vrut să continue pe calea Reiki pentru că aveau impresia că maeștrii lor trăgeau de ei ca să le facă inițierile și motivația lor nu era tocmai una onestă. Îi interesau mai mult banii din inițieri. Evident că îngerii pe care îi primești într-o inițiere pot rămâne legați de maestrul care te-a inițiat. Dar ei pot fi decondiționați. Pur și simplu se cere asta prin drept divin. Întrucât inițierea a fost plătită, iar omul care a ajuns să o facă a meritat asta, îngerii sunt ai lui.

La fel este cazul episcopilor care fac tunderi în călugărie, sau ung diaconi, sau hirotonisesc preoți.

La un moment dat, am cunoscut un preot cu care am devenit prieten – rar pot face asta. Marea majoritate a celor care îmbracă haina preoțească devin habotnici și pierd legătura cu oamenii. Cert este că, de unde nu mergeam la biserică decât sporadic, am început să o fac mai des. Totuși, la un moment dat am descoperit că nu eram chiar eu. Mă cunosc. Spiritul meu, departe de a se fi ostoit de-a lungul anilor, are o problemă în a sta la slujbe. Mă plictisesc. Prefer să fac altceva. Fiindu-mi spus de duhovnicii mei că este păcat să lipsești de la Liturghie, am găsit o modalitate de a ocoli asta: îmi fac de lucru preferând ca în timpul slujbei să fac terapie. A ajuta un om este mai presus de rugăciune. Târziu am descoperit că făceam așa din interiorul meu, special ca să nu ajung la slujbe!

Gândindu-mă la asta, mi-am dat seama că în timpul slujbei nu eram cu totul acolo și uitându-mă după mine însumi am descoperit că eram legat în altar! Nu era prima dată când mi se întâmpla. La fel pățisem cu niște călugări de mânăstire, ca să mă duc acolo îmi legaseră Sinele, șarpele kundalini, în altar!

Așa că, supărat, am transmis un mesaj prietenului meu preot că nu mai merg pe la biserica lui pentru că, din păcate, se află într-o ierarhie care mie nu-mi place, cea bisericească ortodoxă. El însă nu avea nici o vină. Era folosit în „orb" tocmai pentru că se află într-o ierarhie și, din păcate, deasupra lui sunt episcopi care au ajuns masoni și care influențează în sens negativ mersul ortodoxiei! Sunt mulți preoți călugări care sunt împotriva a tot ceea ce se întâmplă în biserică văzută ca instituție, iar eu am ales să fiu glasul lor!

Problema este că orbii sunt la ora actuală în fruntea bisericii! Cei mai mulți dintre ei nici măcar nu I se mai închină lui Iisus Hristos, iar în timpul slujbelor nu fac decât să joace roluri! Mai sunt și câțiva episcopi de bună credință. Am văzut și mi-am înclinat capul înaintea lor ca să mă binecuvânteze. Dar ei nu sunt destul de puternici și de agresivi cât să facă față răului care a intrat în biserică. Peștele de la cap se împute! Așa am descoperit că în biserica ortodoxă, la nivel astral, și-au unit energiile șase episcopi cu șase femei, formând astfel un grup care, unind energiile Yin și Yang, este extrem de puternic și poate trece peste voia multora dintre episcopii care s-au păstrat integri în fața lui Dumnezeu și a oamenilor.

Problema este că deasupra preoților care slujesc sfintele taine sunt acești demoni îmbrăcați în sutane, care pot influența energetic, informând lumina care vine de la Duhul Sfânt și care transmută Sfintele Taine după cum vor ei, dar numai în bine nu!

În biserică, lumina coboară de sus în jos. Este destul ca pe acest traseu să fie unul care să facă prostii pentru ca lumina care ajunge la noi să nu mai fie aceeași. De unde știu asta? Pentru că și în ceea ce mă privește s-a încercat să fiu folosit în orb. Adică fără ca eu să știu. Cineva, nu are importanță cine, stătea conectat printr-o coardă când făceam inițieri cu intenția de a induce mesaje subliminale odată cu acestea. Doar că anihilam astea printr-un algoritm, chiar după inițiere. Îngerii veghează și spun dacă nu este totul OK.

La un moment dat, părintele Argatu povestea că era să moară după ce îi otrăvise cineva împărtășania! Se pare că nu înțelesese că nu era vorba de o otravă fizică, ci de programe subliminale introduse în Sfântul Potir numai pentru el. Pentru că din același potir se împărtășiseră și alți preoți de la Cernica, dar numai el se zbătuse trei zile între viață și moarte. Fusese informată acea împărtășanie numai pentru el.

La un moment dat, de Paște, am luat și eu Paști. Mi s-a făcut rău. Nu rău, ci foarte rău. Prietenii, mai în glumă, mai în serios, mi-au spus că poate trebuia să mă mai curăț și eu, să mă spovedesc! Doar că eu sunt un practician și, pentru că vreau să știu, m-am împărtășit nu odată cu nevrednicie. Adicătelea, fără să mă spovedesc, m-am pus la coadă la împărtășit și am luat Sfintele Taine. Am greșit? Nu! Există pilda femeii cu scurgeri de sânge care se atinge de Iisus pe la spate fără a cere voie. Nimeni nu mă poate opri din moment ce există un precedent. Atunci am simțit o mare nefericire în sufletul meu și am devenit foarte irascibil. M-am certat cu toți. Am dedus, în timp, că mâhnirea se datora păcatelor pe care le făcusem, și care rămăseseră ca niște energii legate de suflet, fiind ele arse de focul sfânt al împărtășaniei. Iritarea venea de la demonii mei, care la rândul lor fuseseră arși de lumină și care se răzbunau. Toți suntem speriați de demoni. Ei sunt în noi, de multe ori cu miile, și ne-am obișnuit cu ei ca măgarul cu samarul. Nu avem de ce ne teme.

Cert este că de data asta era altfel. Și am reușit să scap anihilând programele care-mi fuseseră implantate. Am început apoi să măsor. Și am descoperit lucruri interesante. De unde erau, ce se dorea și prin cine veniseră. Conductorul fusese preotul cu care slujea prietenul meu, dar nici măcar el nu era de vină, și el era folosit în orb deși este un tip bine intenționat. Prima dată am descoperit că prin el mi se dăduse „otrava". Am vrut să i-o trag. Cel puțin intenția o aveam, chiar dacă în acel moment mă mișcam cu încetinitorul. Eram atât de supărat și pentru că mai multe persoane îmi spuseseră că după ce fuseseră la biserici se simțiseră rău și rămăseseră fără lumină. Persoane responsabile, cu vârste astrale mari și multă lumină, care după slujbe picaseră ca de boală. Cercetând, am descoperit că sunt preoți care folosind Sfântul Mir leagă îngerii sau demonii oamenilor pentru a-i folosi ei înșiși. Este corect? Pe undeva, da, pentru că ei prin taina preoției sunt superiori îngerilor și demonilor și pot și au dreptul divin să o facă. Pe undeva, nu, pentru că dacă sunt îngerii mei eu dispun de ei până la moartea mea și după aceea pentru că-i am prin drept divin. Și pot cere judecată divină împotriva lor.

Sincer, asta mi-a plăcut pentru că în acel moment m-am dus și am atacat pe toți cei care fuseseră părtași la ceea ce mi se făcuse și se face poporului român. Da, recunosc, am atacat îngerii episcopilor care fac prostii, ca și pe demonii lor. Și mi-a făcut și plăcere. Am descoperit că după ce că sunt răi mai sunt și proști și slabi. Din punct de vedere psihic, sunt niște lăuze spirituale! Dacă mi-ar îngădui Dumnezeu, aș avea nevoie numai de câteva minute să-i trimit la El.

Dacă ar fi fost buni, nimic de genul inundațiilor nu s-ar fi întâmplat, pentru că ar fi știut că apa de pe pământ este coordonată de două spirite, Enoh și Ilie. Și dacă a fost atâta, înseamnă că s-au deschis ambele stăvilare!

La un moment dat, pe când mergeam la părintele Argatu, am avut un vis, în care se făcea că o vizitam pe mama mea. Acolo cred că era raiul, pentru că avea o căsuță frumoasă în soare, iar grădina din față era plină cu flori. Și parcă îmi spunea că le trebuie apă, dar apa nu curgea. Și atunci m-am uitat în sus și am început să urc și am văzut niște jgheaburi mari prin care ar fi trebuit să curgă apa. Am ajuns la un stăvilar în spatele căruia era apă. Atunci am auzit dinspre pământ rugăciunea părintelui Argatu, așa cum o făcea el, că de abia înțelegeai ceva din ea, și am văzut stăvilarul deschizându-se. Și a doua zi a plouat!

În ceea ce privește biserica ortodoxă, îi consider pe cei din fruntea ei o șleahtă de impotenți spirituali. Niște vânduți răului, care ar trebui luați la întrebări de fisc, de oameni și de Dumnezeu.

De ce de fisc? Pentru că se dau șpăgi grase ca să se obțină parohii bogate, pentru hirotonisiri, pentru ca episcopul să vină să sfințească o mânăstire nouă.

Pentru că sunt oameni care au donat bisericii pământurile, casele, averile, banii și nu se mai știe ce este cu ele. Pentru că de bună intenție eu unul acum vreo zece ani aș fi dat cu dragă inimă ceea ce aveam bisericii ca instituție. Cu mintea de acum n-aș mai da! S-au strâns bani pentru Catedrala Mântuirii Neamului. Nu se face nici asta și nici banii nu se știe unde se duc, nici dobânzile. Biserica este o instituție care mănâncă bani publici, care strânge și de la vii și de la morți, dar nu face nimic pentru oameni. Unde sunt așezămintele pentru bolnavi patronate de biserică? Școlile, orfelinatele... Doar nu era biserica mai bogată în trecut. Nu are Dumnezeu nevoie de banii și aurul nostru. Ale Lui sunt toate. Ar avea nevoie de ajutor. Iar ajutorul dat Lui este cel dat oamenilor. Asta ar trebui să facă biserica. Au ajuns acești păduchi, episcopi și preoți, să creadă că au numai drepturi, nu și obligații, față de om și, evident, față de poporul român.

Sunteți niște îmbuibați pe seama unui singur Om care a murit pe cruce ca voi să vă faceți mendrele. Voi ați ales să-mi spălați picioarele mie și oamenilor simpli, ca mine. Și dacă nu vă îndepliniți menirea pe care voi v-ați ales-o, nu sunteți decât niște farisei cu bărbi și fuste lungi, fără suflet și cu minte scurtă. Aveți mai multe obligații decât drepturi în raport cu oamenii. Sunteți episcopi? Poate ar trebui să treceți cu adevărat prin proba focului. Să primiți la voi în chilie un dragon cu șapte capete și șase aripi ca să vedem dacă vă meritați locul. Dacă nu? La revedere! Nu avem nevoie în biserică de bicisnici. Ar trebui să țineți postul negru de patruzeci de zile ca să urmați cu adevărat calea lui Iisus Hristos. Să vedeți ce înseamnă întâlnirea demonului și apoi să vă reconsiderați atitudinea.

Pe vreamea copilăriei mele de la Cernica, aveam păr lung și barbă. Cine mă vede acum cu greu și-ar putea închipui că îmi prindeam părul în coadă. Purtam chipul lui Hristos. Toți preoții și episcopii poartă chipul lui Hristos. Și am fost convins până într-o zi, când am realizat că a purta cu adevărat chipul cristic nu este să ai barbă și părul lung, nici să fii îmbrăcat în sutană.

Barba non facit philosophus! Trebuie să ai sufletul precum El pentru cei din jur, Dumnezeu și cer! Și am mai realizat ceva, că trebuie să meriți să porți cu adevărat chipul Lui. Iar eu îl purtam cu nevrednicie. Consider că este o răspundere să porți chipul Lui și dacă eu aș fi patriarh aș cere tuturor să se tundă și să se bărbierească. Să le mai iasă gărgăunii din cap. În spatele chipurilor lor pioase încolțesc cele mai negre gânduri. Un nou început pentru toți. Adevărați sunt dincolo de chipul pe care îl afișează.

Pe vremea țarului Petru cel Mare toți aveau barbă, păr lung și erau plini de păduchi. Rușii au fost întotdeauna ultraortodocși dintr-o ignoranță populară. Țarul s-a întors din Franța unde văzuse mizeria de la Luvru, pentru că la curtea Regelui Soare nu existau toalete și se făcea pipi și treaba mare în boscheții din curtea palatului. Nici baie nu prea făceau și sub perucile lungi se scărpinau de păduchi cu niște andrele. Iar femeile ascundeau mirosul de transpirație sub parfumuri grele. Ciudat că parfumul a apărut mai mult de dragul de a ascunde mizeria fizică. Câh!

Cred că oripilat de tot ceea ce văzuse a dat o lege prin care toți erau obligați să-și tundă bărbile și părul, iar birjarii de frica Sfântului Petru mergeau cu bărbile în buzunar ca să le aibă la ei în cazul în care mor, ca să le arate la poarta raiului.

La noi văd prea multe suflete găunoase și prea multe bărbi lungi le acoperă!

Îmi cer iertare față de cei care slujesc lui Dumnezeu și oamenilor și le cer ajutorul. Nu am pretenția să facă altceva decât să se roage ca adevărul să iasă la lumină, ca tot ceea ce este bine și corect pentru om să iasă la iveală, să dăinuie și să se întărească în primul rând în biserică. Nu există putere la un popor fără credință și nu există credință fără educație. Ori educația ține în primul rând de preoți. Nu pot suplini eu ceea ce nu fac ei. Chiar dacă încerc să pun pe hârtie experiențele mele, ideile mele, crezurile mele, nu pot suplini predica de duminică făcută din suflet. Preoții noștri au uitat să vorbeacă de acolo, să se roage de acolo și atunci normal că oamenii nu mai vin. Ei reacționează la tot ceea ce vine din suflet și mai puțin la ceea ce vine din minte.

Referitor la ceea ce am scris, am trimis un e-mail pe adresa Patriarhiei în care am spus că voi cere judecată divină împotriva preoților și epsicopilor care se folosec de Sfintele Taine pentru a lega îngerii și demonii oamenilor fără voia lor, în scopul de a-i manipula.

La Cernica mai era un preot care citea molitfele Sfântului Vasile cel Mare. Acolo îmi trimiteam pacienții care aveau nevoie de așa ceva. Și mi se spune că i s-a interzis înainte de alegeri, de la Patriarhie, să mai citească molitfele! Motivul este simplu: orice exorcizare permite exorcistului să facă ce vrea cu entitățile pe care le scoate, așadar puteau fi folosite în alegeri!

Era o pildă care vorbea despre Sf. Simion Stâlpnicul, care a stat douăzeci de ani pe un stâlp. Sincer, mi se pare o pierdere îngrozitoare de timp, dar, mă rog, a fost opțiunea lui. Cert este că făcea exorcizări până ce, la un moment dat, sinodul i-a interzis. Și el a ascultat. Apoi, văzând că a ascultat de sinod, i s-a îngăduit să ajute oamenii mai departe. Ținând cont de pilda asta și încercând să mă ghidez după precedente biblice sau ale tradiției, spuneam de obicei că am să dau ascultare doar sinodului ca instanță supremă.

A urmat însă cazul Tanacu. Părintele Daniel mi-a plăcut, avea lumină și încerca să facă binele. Poate prea în stilul arhaic ortodox. Este prototipul perfect al călugărului bine intenționat, dar sărac cu duhul. Dacă ne uităm la cei care sunt implicați în acest caz, el și măicuțele, se observă o crasă lipsă de cunoaștere spirituală. Iar ceea ce a făcut se încadrează la nivelul cunoașterii spirituale a primelor veacuri ale creștinismului, când exorcizările se făceau, într-adevăr, legând posedatul de cruce! Iar riscul era ca după cele trei zile de post negru să moară!

Era acea femeie o posedată? Cred că da. Prezenta acea privire a pacientului psihotic (posedat) și, după câte am ascultat, familia ei și karma de neam era de asemenea natură. El a procedat însă în stilul clasic, arhaic, al exorcizării. Cine a putut asculta exorcizarea făcută de părintele Cleopa la Mânăstirea Neamțului poate își aduce aminte că la un moment dat demonul prin gura Mariei (femeia exorcizată atunci cu nouă preoți călugări) spune: „Am să o omor!" La care părintele Cleopa îi dă următoarea replică: „N-ai decât. O să ne rugăm pentru ea și va ajunge în Rai!"

Vorbeam, de asemenea, despre un caz din satul tatălui meu, tot o femeie din care, ajunsă la exorcizare, demonul țipă că o va omorî pentru că era drept de la Dumnezeu să stea în ea.

Ideea este că nu întotdeauna este drept față de demoni să fie exorcizați și că încălcarea acestui drept poate duce la moartea exorcizatului.

Vorbeam la un moment dat despre prostia bine intenționată – cam ăsta este și cazul părintelui Daniel. Este un creștin bun și crede. Din păcate nu știe, pentru că nu a fost învățat prea multe.

El nu avea drept divin să intervină în karma acelei femei. Dar a făcut-o și nu a ieșit bine. Este vinovat divin? Nu. Nici măcar nu știa că nu are voie să intervină. Dar intervenind a preluat din karma femeii. Plătește prin pușcărie. E vinovat legal? Greu de spus, pentru că ea nu era în toate facultățile ei mintale. Și admițând că cineva care este bolnav vrea să-și facă rău singur, cum îl poți opri atunci, pe moment, până când o comisie stabilește că nu este întreg la minte? Câți pacienți nu sunt legați de paturi la psihiatrie? Cine le dă medicilor dreptul legal sau divin să-i lege?

Evident că râca mea cu episcopii negri din Dealul Mitropoliei nu s-a încheiat aici. Noroc că am fost crescut de preoți și așa că știu cum fac ei.

Ca să fac o paralelă, la fel se întâmpla în cadrul unui sistem de evoluție spirituală, aflat la limita științei și spiritului. Aflat pe 10 grade la ora actuală, am intrat în contradicție cu cel care conduce destinele grupului. El este ușor de învins. Problema era că deși îi învingeam și pe el și pe îngerii lui, își revenea destul de repede și mă ataca din nou. Normal că mă mira cât de repede se regrupa. Am descoperit că se folosea de îngerii pe care gradele mai mici îi primeau la optimizări. Deci avea o grămadă. Așa că, pentru a scăpa de asta, am contactat câteva grade mari și le-am spus că șeful lor se folosește de îngerii și sufletul lor, fără ca ei să știe. A fost de ajuns ca să scap! În cele din urmă, am ajuns la concluzia că urmărim același lucru, ridicarea omului și a poporului român, așa că ne acceptăm unii pe alții, chiar dacă suntem departe de a ne iubi ca frații întru Hristos.

Contracararea manipulării prin îngeri

Pentru a scăpa de îngerii trimiși de cineva de pe pământ este de ajuns să-ți aprinzi o țigară. Este un păcat, dar nu unul foarte mare. Pentru a scăpa de îngerii care sunt trimiși de cineva (preot, episcop, radiestezist, maestru Reiki) pentru a mă determina să fac un lucru pe care consideră aceștia că este bun este de ajuns să îmi pun o picătură din propria urină pe ceafă. Nu le place. Evident că se supără și se duc direct la Dumnezeu să ceară dreptate. Iar El le răspunde că nu au ce căuta la mine decât dacă eu sunt de acord. Voiam să-mi iau un sac de box. Dacă mă repet și am mai povestit asta, îmi cer iertare. Și stăteam în mașină pe scaunul din dreapta. Cum, necum, am uitat de țelul meu și prietena mea care conducea m-a convins să mergem să vedem un magazin de haine. Pe drum mi-am amintit de țelul meu inițial. Am cercetat și am descoperit că îngerul ei îmi schimbase gândul. Furios, m-am dus în astral și i-am dat un pumn în cap. Frumos, așa cum, mărturisesc, nu reușesc la antrenamente. Plângând, s-a dus la Dumnezeu Tatăl. „Ce s-a întâmplat?" l-a întrebat Doamne-Doamne. „M-a bătut Dragoș!" i-a spus acesta. M-a chemat imediat pe mine! „Doamne, am zis, am vrut să mă duc să-mi iau sac de box și m-a făcut să uit ca să nu ajung. Mi-a încălcat liberul arbitru!" Doamne-Doamne mi-a dat dreptate și ceea ce am simțit apoi a fost părerea de rău a îngerului pentru că greșise. Eu nu țin supărarea pe nimeni, nici măcar pe el, dar de multe ori se poate întâmpla ca îngerii unui om să intre în contradicție sau conflict cu cei ai altuia. Dreptatea o stabilește Dumnezeu și de aceea este bine să știți cum judecă El.

Mai este adevărat și că, deși de cele mai multe ori am dreptate, plătesc pentru că răspund exagerat în anumite situații, dar asta este școala mea karmică.

Noroc că, de cele mai multe ori, cunoașterea preoților se rezumă la câteva lucruri. Pentru că au respins tot ce era din Orient, s-au limitat ei înșiși și asta mi-a făcut viața mai ușoară. Ce știu ei?

Să blesteme – mă refer la psalmul 108 și mai sunt alți câțiva psalmi care sunt rugăciuni cu EBF mic. Adică, mai exact, nu sunt bune pentru că nu urmează linia cristică. În momentul în care cineva citește acest psalm, depinde și de puterea lui, se formează ca un nor negru care afectează relațiile de familie, profesia, mă rog, toată viața lui. Problema este că nu este doar o formă gând, întrucât se invocă inclusiv demonul, „și demonul să stea de-a dreapta lui!", așa că este mult mai complexă. Trebuie anihilată forma gând care se poate înconjura cu lumină și mai trebuie învins demonul care îți vine în dreapta și aici intervine numărul îngerilor tăi și ce pot face ei, cât de bine sunt înarmați sau cât de puternic ești tu însuți. De obicei, ăstuia i se ia capul și odată cu asta și puterea. Afurisenia, blestemul preoțesc, este doar o formă gând și se anihilează în lumină. Depinde foarte mult cine are dreptate, dar chiar dacă nu are dreptate blestemul preoțesc sau arhieresc poate afecta un om. Când nu te mai poate afecta? Când ești mai mare și mai puternic decât el. Când ai mai mulți îngeri decât el, ai o cunoaștere mai mare sau vârsta astrală mai mare, nu mai are ce să-ți facă.

Cea mai simplă metodă de anihilare a blestemelor preoțești este citirea Psaltirii. În general, ei atacă după slujbele de liturghie de duminică sau de sărbătorile mari, cele cu roșu în calendar. Este singurul moment când se încarcă cu lumină și își iau putere.

Trebuie să recunosc că am avut momente când simpla venire a duminicii îmi făcea frică. Asta până când am descoperit și am atacat eu primul și totul a culminat cu momentul în care am lovit în timpul slujbei de liturghie. Asta nu prea i-a plăcut lui Dumnezeu, dar nu am avut încotro. Nimeni nu se aștepta. Sincer, mi-a plăcut asta. „Să lovești în tarele mortului", precum în jocul de bridge. Preoții cred că, odată îmbrăcați în haine și aflați în altar, sunt inexpugnabili. Ei nu știu că justiția divină are loc oricum și oriunde și că și noi, oamenii simpli, avem acces în altar în liturghie. Și au văzut. Altarul nu este decât un loc care se deschide către o dimensiune superioară și, să-mi fie cu iertare, dar am fost să mă plimb și mai sus. Pentru cei care au acces la lumină, trebuie să le spun că anihilarea blestemului preoțesc sau arhieresc se face vizualizând forma asta gând ca un nor și înconjurând-o cu lumină până dispare. De ce dezvălui asta? Ei, ca reprezentanți ai lui Iisus, nici nu ar avea voie să facă așa ceva. Admițând că Dragoș Argeșanu o ia razna, preoții ar avea voie sau, mă rog, legile iubirii ar trebui să-i determine să se roage pentru mine să fiu luminat de Dumnezeu ca să nu duc în ispită sau în păcat pe alții. În nici un caz să mă blesteme sau să mă afurisească. Nu că mi-ar păsa prea mult de ultimele două. Frustrant pentru ei, nu? Să se creadă niște mici dumnezei pe pământ, veniți să împartă dreptatea și să primească osanale pentru asta, și deodată să vină un nimeni în drum, fără patalama de la Mitropolie, și să le strice mendrele.

Deocamdată ei sunt plătiți din banii mei, nu eu din ai lor. Lăsați predicarea PSD-ului și a „primarului care este" din noaptea de Înviere. Vedeți-vă de creșterea spirituală a poporului ăsta. Voi trebuie să duceți poverile celor slabi! Asta ați ales odată cu preoția și nu banii, vilele și mașinile de lux. Cum să pot spune cuiva care se duce și donează bani pentru refacerea unei biserici să se mai ducă la biserică dacă preotul de acolo își face vilă pe banii strânși pentru pictură? Și nu o casă cu 3-4 camere, ci o vilă de neam prost, în care o să aibă camere în care nu o să intre în viața asta?

Tragerea cu psaltirea

Eu unul m-am certat cu spirite din planuri superioare care au încercat să-mi folosească îngerii conform dorinței lor și planului lor. Nu mă interesează nici măcar dacă motivația lor sau scopul în care o făceau era unul bun. Replica mea a fost că, dacă au nevoie de îngeri, n-au decât să coboare pe pământ să-i câștige ei înșiși. Ai mei sunt ai mei și deocamdată îi folosesc eu cum cred de cuviință în scopul emancipării omului. La unii din cei de sus le-am luat și capetele după ce am cerut judecată dreaptă instanțelor superioare.

Sunt om, sunt treaz și apt să iau propriile mele decizii pentru care eu voi da socoteală la sfârșitul vieții, nu sunt deloc curios să mă mai las îndrumat de unii care sunt mai proști, mai răi și mai orbi decât mine. Dacă vreunul îmi demonstrează că știe și poate mai multe, îl urmez. Deocamdată sunt niște papagali care spun cuvinte sforăitoare învățate din cărți în care nici ei înșiși nu mai cred. Atâta timp cât nu pot face nimic din ceea ce face Iisus, nu reprezintă nimic. Sunt dispus să-i iau cu mine la pacienți, la bolnavi psihici, să demonstreze ceea ce cred, iar dacă nu pot: la revedere! Dacă Iisus propovăduia fără a putea vindeca pe nimeni, nici că mai auzeam ceva despre el până acum.

Îngerul Morții

Aveam un vecin, pe nea Petrică. Soarta a făcut să se aleagă cu un cancer de colon. Când am aflat eu, era deja târziu. Avea dureri. Soția lui a venit la mine să-i fac niște calmante. Dar i-am spus că eu unul sunt pe principiul ca un pacient să știe ce boală are ca să facă ceea ce este mai bine pentru el însuși. Drept urmare, nu m-a mai căutat mult timp. A venit în altă seară să mă roage să vin neapărat că-i este rău. Între timp, făcuse o ocluzie intestinală, îl deschiseseră și îi făcuseră un anus contra naturii. Știa că are cancer. Au urmat zile de calvar pentru el. Se bucura că mă duc să mai stăm de vorbă și să-l întorc de pe o parte pe alta. Prietena mea de atunci, cu mult mai multă iubire de oameni decât mine, îi făcea injecțiile. La un moment dat, m-am trezit stând cu brațele încrucișate la doi metri de patul lui. Ciudat, pentru că eu nu stau așa de obicei. Lui Nea Petrică i se deschiseseră ochii sufletului și vedea lucruri pe care eu unul nu le vedeam. De exemplu, că fata de lângă mine avea un suflet mare, plin de iubire. Ba la un moment dat îi și spusese: „Lasă-l în pace pe Hercule, că nu te vede!"

Cert este că așa l-am întâlnit prima dată pe Îngerul Morții. Nimic spectaculos, pentru el moartea este doar o misiune pe care și-o face sub Voia Lui Dumnezeu. Țin minte că la un moment dat Nea Petrică m-a rugat să mă duc să-l bărbieresc. M-am scuzat și m-am fofilat. Dacă țin bine minte, l-a bărbierit prietena mea. Nu a durat mult și a venit și momentul sfârșitului pentru Nea Petrică.

Atunci, împreună cu un alt vecin, l-am spălat și bărbierit și mi-am cerut iertare în gând că nu am făcut-o cât timp mai era în viață. Îngerul Morții se așază, înainte de a lua viața unui om, în dreapta acestuia. Nu poți muri fără prezența lui, iar dacă mâine un om are un accident și moare, Îngerul Morții era lângă el încă de ieri.

Scriam la un moment dat despre o femeie la care m-am dus la insistențele unei prietene. Avea anus contra naturii, se spovedise, dar câmpurile ei erau deja sparte, câmpurile corespunzătoare chakrelor I, II și III tindeau spre zero. I-am spus că mai are două săptămâni de trăit. A început să plângă. Mama ei m-a condamnat că am făcut asta. În cele trei săptămâni în care a mai trăit, s-a împăcat cu copiii ei, cu fostul soț, și-a luat la revedere și a plecat. Ultima săptămâna a fost în comă.

În ceea ce-i privește pe ziariștii români. Am fost contactat de un oficial român să spun ce cred despre răpirea lor. Că a fost aranjată încă de aici știam, dar sincer nu credeam că se mai întorc. Multe din constantele lor erau spre zero și chiar misiunea lor pe pământ era încheiată. Ca și cum își terminaseră ceea ce aveau de făcut. Mă rog, am spus ce cred că ar fi de făcut pentru a fi mai bine pentru ei, dar fără prea mare încredere în rezolvarea pozitivă a problemei. Am omis un lucru. Faptul că ne aflăm în postul Paștelui și că au încept să se dea rugăciuni la biserici pentru ei. Misiunea lor a fost suplimentată de Mântuitorul și așa au scăpat. Iar eu am învățat că nimic nu este bătut în cuie.

Cineva apropiat avea probleme. O pareză pe partea dreaptă. Era un atac PSI destul de dur. Problema a fost când am realizat că lângă el se afla Îngerul Morții! Ce era de făcut? Am chemat mai mulți prieteni și i-am făcut inițieri Reiki. L-am internat în spital și, odată trecut la alt nivel al karmei, i s-a suplimentat și lui misiunea pe pământ și a scăpat.

Mai urât este când ești singur-singurel și te trezești cu el lângă tine. Nu frica de moarte, ci ceea ce a rămas nefăcut, ceea ce ai fi putut face bine sau mai bine te macină. Și nu am vrut să plec, așa că mi-am adus aminte de Ivan Turbincă. Pentru cine nu știe, această poveste este una inițiatică. Ivan prinde moartea și o bagă într-un sac, o bate și aceasta refuză să îl mai ia!

Lumina în atacul PSI

Dincolo de ceea ce reprezintă ea, ca formă de manifestare a binelui, lumina este vehicul și conținut, energie și informație. Are totuși o caracteristică, anume aceea că i se pot implementa programe și informații, atât pozitive cât și negative, care pot creea mari probleme celor atinși de ea. Din păcate este cel mai greu de contracarat, pentru că produce acea uimire mistică asupra noastră. Semănăm cu niște iepuri aflați în fața farurilor unei mașini de braconieri. Poate că nu este cea mai măgulitoare imagine despre noi înșine, dar, din păcate, ăsta este adevărul: lumina ne orbește!

Fiecare are un nivel vibrațional propriu și este impresionat de o lumină de vibrație superioară. Ideea este că un om este cu atât mai vulnerabil în fața luminii cu cât diferența de vibrație dintre el și cel care este canalul de lumină este mai mare.

La un moment dat stăteam să ajung la moaștele Sfântului Dimitrie Basarabov. Coada era lungă, multă lume de altfel se călca pe picioare să-i sărute moaștele. Și atunci m-am uitat în ochii oamenilor care erau aproape de moaște, preoți, diaconi, mireni. Primii erau calmi, își făceau serviciul, în ochi li se citea liniștea, în schimb ochii mirenilor erau, ca să spun așa, „uimiți". Parcă erau drogați. O febră nebună a cuprins la un moment dat mulțimea și au început să se calce în picioare. În îmbulzeala provocată de disperarea lor de a se închina, până la urmă, la niște oase, mi-am pierdut mătăniile. Aveam niște mătănii pe care un frate din mănăstire le făcuse din sâmburi de măsline. Ce vroia să însemne asta? În sufletul meu simțeam că nu asta este credința, nu ăsta poate fi drumul spre Dumnezeu, Lumină și Adevăr!

În altă ordine de idei, mi se părea ciudat că unii, mirenii, aveau un respect deosebit pentru acest eveniment, în timp ce preoții nu păreau prea cuprinși de cine știe ce respect pentru acel ritual. Mi se părea că este o hibă pe undeva! Și de atunci nu am mai fost la nici o zi de sfânt. Mint, am mai fost la Sfânta Paraschiva. Nu din lipsă de respect, ci pentru că am realizat că nu ăsta este adevărul.

Cei care știau asta, preoții, tratau lucrurile ca pe un ritual care, volens nolens, trebuie îndeplinit, îndrumând orbeții, fraierii, dintre care făceam și eu parte. Acum știu că adevărul este pe undeva la mijloc. Că moaștele nu sunt Adevărul, dar că fac parte din El și că problema este să ajungi să descoperi complexitatea lui. Dacă marii mentori, maeștrii sprituali ar fi știut asta, nu s-ar fi ajuns la conflicte și războaie.

Cum te poți apăra de lumina informată? Mai întâi: ce este lumina informată? Să spunem că eu sunt maestru Reiki și că am acces la lumină. Odată ce mă încarc cu lumină, ceea ce spun capătă valoare de adevăr pentru auditoriu.

Am făcut mai multe experimente printre care și acela de a spune, fiind plin de lumină, o prostie. Aceasta a fost preluată ca o axiomă de cei pe care îi învățam! Le-am spus apoi celor care mă ascultaseră ce făcusem. M-am gândit apoi să fac altfel. Am fost de mai multe ori să susțin cursuri într-un oraș. Țineam cursuri de la ora 9 la 21, cu mici pauze de cinci minute, fără să mănânc – cam asta înseamnă accesul la lumină și energia pe care ți-o oferă. Priveam la cei care mă ascultau fascinați de lumina pe care o emiteam și m-am gândit la un test. Următoarea dată m-am încărcat cu întuneric și i-am făcut atenți la asta, spunându-le: „După întunericul din mine tot eu vorbesc!" De ce am procedat așa? Tocmai pentru a nu mai fi surprinși de energia pe care o emite un om, ci să fie atenți la informație și mai ales la informația subliminală pe care o transmite acesta.

Sunt mai multe moduri prin care lumina se poate folosi pentru a manipula:
 – simbolurile Reiki folosite pe chakrele celorlalți fără acordul lor;
 – transmiterea de lumină spre alții fără acordul lor;
 – introducerea de mesaje subliminale în timpul terapiei fără acordul pacientului;
 – folosirea grilei de cristale prin introducerea datelor sau a pozei unei persoane fără acordul ei;
 – informarea cu lumină a lucrurilor, hainelor și mâncării special pentru a determina lucruri;
 – folosirea de spații de lumină în locuri publice care să împiedice o persoană să-și exercite liberul arbitru;
 – implementarea unor programe subliminale în timpul inițierilor;
 – informarea Împărtășaniei.

Transmiterea de lumină la distanță, fără acord

Sunt mai mulți inițiați și maeștri care au venit în țară și care au ținut cursuri. La un moment dat a venit o cucoană de vreo șaizeci de ani la care s-a dus multă lume să o asculte. Am văzut doar un reportaj la televizor și am simțit atracție sexuală pentru băbătia asta! Cum nu cred ca într-un atât de scurt timp să fi devenit gerontofil, am întrebat și pe alți prieteni ai mei, bărbați, ce au simțit în prezența ei. Câțiva mi-au spus că au simțit și ei atracție sexuală! Atunci am măsurat și am descoperit că doamna emitea pe chakra a II-a și a VI-a. Sigur pe cea de-a II-a, care induce instincte sexuale și induce informații la nivelul sinelui omului neinițiat! Urât!

O altă situație a fost în timpul alegerilor, când un partid politic se folosea de puterea unei femei care emitea noaptea pe chakra inimii, informând sufletele populației care dormea. Pare neverosimil pentru un neinițiat, dar, dacă știi cum, se poate transmite ore în șir și informa mii de oameni într-o noapte.

Domnului președinte Băsescu i s-au făcut de toate ca să nu iasă la alegeri.

Apropo de el. La un moment dat am fost invitat de o prietenă actriță la Balul Academiei Cațavencu. Cum am intrat în sala în care se decernau premiile, ne-am așezat în dreapta ringului. La scurt timp după sosirea noastră, au venit și cei de la Alianță: Băsescu, Tăriceanu, Gușă și alții. Întâmplarea (oare?) a făcut să stea exact în fața noastră. Privindu-l pe Băsescu cum era îmbăcat în pulovăr (nici pe vas nu ar fi mers așa), am văzut că avea făcut ceea ce se numește în magie „de urât", să nu-l placă lumea. Farmece făcute de țigani și nu numai. „Că are chelie! Că își ține părul cum îl ține!" O groază de mizerii! Nu știam de ce trebuia să vin eu, unul care nu prea le am cu lumea mondenă! Sincer, pentru că îmi păsa, i-am făcut curățare!

Ideea este că dumnealui i se trimitea lumină informată ca să se îmbrace și să arate cât mai rău, iar celorlalți oameni li se trimitea lumină informată ca să nu-l placă! Drăguț, nu?

Apropo de relația dintre candidați. Se spune că la un moment dat se dădea în folosință noul Mall, cel din Militari, și că fuseseră invitați primul ministru, primarul și consulul turc, pentru că oamenii de afaceri turci au pus la punct clădirea și spațiile comerciale. Evident, așa cum ne-am obișnuit, primul ministru a întârziat o oră. Nervos, primarul, în momentul în care prim-ministrul trebuia să ia cuvântul, i-a șoptit printre dinți: „Ești un nesimțit!" La care prim-ministrul s-a întors și i-a replicat la rândul lui: „Poate-ți trage ursul o labă!" La care primarul i-a spus la rândul lui: „O să ți-o tragă iepurașul când îți va fi lumea mai dragă!" Și i-a tras-o! Ursul a rămas cu laba! Poate cu ocazia asta va învăța că, dacă este voie de Sus, nu este nevoie să faci nimic ca să devii președinte, se ocupă alții de asta și ei nu trebuie plătiți să o facă.

Și oricum Mall-ul nou are probleme de magie ca să nu meargă, mai exact ca să nu aibă clienți.

Grila de cristale
Prin introducerea datelor sau pozei unui om în grila de cristale se trimite energie la distanță acestei persoane. Pe lângă faptul că se transmite energie, ea mai este și amplificată de cristale! Plus că grila emite timp mai îndelungat, circa 24 de ore de la încărcare.

Există totuși posibilitatea de a te apăra de aceasta. Prin Reiki se poate deschide Sursa de Lumină spre chakră și se șterg din grilă datele malefice care sunt băgate în cristale. Sau poți să crești vibrația, iar energia transmisă prin grilă poate ajunge doar până la un anumit nivel, nu te mai atinge la cap pentru a-ți influența deciziile. Și mai sunt...

Folosirea spațiilor pozitive în sens negativ
Radiesteziștii afirmă că nu este păcat să creezi un spațiu cu EBF mai mare de 81, adică un spațiu pozitiv. Am un amendament. Dacă, de exemplu, cineva trimite un spațiu unei alte persoane astfel ca ea să nu facă fapte cu EBF mai mic de 81 iar acesta nu este căsătorit cu prietena lui, dar ar vrea să se culce cu ea, pentru că nu este căsătorit din punct de vedere divin nu va putea din simplul motiv că spațiul îl împiedică! Nu i se trece oare peste liberul arbitru?

Folosirea luminii altora
Folosirea luminii altora și a energiei altora din cărți sau altele pentru a-i lovi pe alții este o chestie josnică. Una dintre maestrele mele mă sună. Îmi spune că nu ar trebui să mă bag în căsnicia ei și că am folosit cunoașterea greșit. Am măsurat și nu-mi dădea nimic. Însă energia cu care era legată era a ei. Eram învinuit că i-aș fi legat labiile la nivel astral. Din păcate, cineva se încărca cu energia mea din cărți pentru a da vina pe mine.

Inducția

Ce înseamnă inducția? Indiferent că este vorba despre inducția hipnotică, relaxare, terapie energetică sau manipulare PSI, asta presupune implementarea unei informații la nivel de subconștient folosind energia la diferitele ei grade de intensitate. De la întuneric la lumină. Pentru că nu se produc salturi bruște între acestea, există întotdeaua trepte, chiar dacă apare la un momet dat un prag între dimensiuni care au o valoare energetică anume.

Este simplu până la urmă. Ceea ce se poate transmite însă este mult mai divers.

Introducerea de mesaje subliminale în timpul terapiei

Prin punerea palmelor și deschiderea canalelor de lumină se face legătura cu cele mai profunde structuri energetice ale unui om, cu subconștientul și sinele. Din acest punct de vedere, a implementa un mesaj subliminal înseamnă a trece peste liberul arbitru al omului respectiv și este o acțiune condamnată de justiția divină. Cei mai mulți maeștri Reiki îi învață pe cei pe care îi inițiază că nu se poate manipula prin Reiki, ceea ce este fals. Dacă nu știu asta, înseamnă că sunt slabi ca maeștri, iar dacă nu spun adevărul, înseamnă că au ceva de ascuns. Dumnezeu nu a ascuns adevărul despre pomul cunoașterii, dar i-a dat omului posibilitatea de a alege. Așa este corect. Eu spun că se poate face, ce aleg ceilalți, nu mai este problema mea. Fiecare are conștiința în fața căreia va trebui să dea socoteală cândva și instanțele superioare divine unde vor trebui să dea de asemenea socoteală.

CAPITOLUL 4

Creșterea și scăderea vibrației sau a luminii interioare; Creșterea vibrației

Există multe metode de creștere a vibrației pentru cine vrea. De ce este până la urmă nevoie de așa ceva? Simplu, nu poți fi legat ca lumea decât de cineva cu vibrație mai înaltă decât a ta. Atunci, cel mai simplu ca să nu mai fii vulnerabil în fața celor care se ocupă de una alta și au vibrații înalte și li se pare lor că sunt buricul pământului (mai trebuie să și demonstreze asta) este să te ridici deasupra lor prin cunoaștere, aplicație și vibrație. Ce înseamnă de fapt creșterea vibrației? Pur și simplu creșterea luminozității sinelui, care duce implicit la creșterea vibrației fiecărui câmp al omului respectiv. Noi suntem ceea ce gândim, spunem, facem, mâncăm, bem, respirăm, vedem, ascultăm. Suntem determinați de meseriile noastre, de locul în care viețuim, de oamenii cu care intrăm în contact, de ceea ce citim, de muzica pe care o ascultăm, de florile pe care le ținem în casă și de animalele pe care le iubim.

Gândul face să ne racordăm la anumite planuri de energie de diferite vibrații. Gândim pozitiv – ne racordăm la entitățile spirituale de lumină. Gândim negativ – rezonăm cu entitățile joase și avem parte de rău. Toate câmpurile noastre se modifică după ceea ce gândim, pentru că nu poți face sau spune ceva bun gândind greșit. Totul pornește de la modul cum gândim și singurii în măsură să facă o schimbare în gândirea noastră suntem noi înșine.

Cuvântul este rezultatul gândirii, împlinirea ei, și este o împlinire materială a gândului, iar dacă gândul are o putere în sine datorată gânditorului însuși, odată devenită cuvânt o idee capătă putere prin energia rostirii ei, a sufletului pus în emiterea ei, de aceea suntem și ceea ce vorbim. Ceea ce spunem, rămâne înregistrat pururi determinându-ne inclusiv în viețile noastre viitoare.

Fapta înseamnă punerea tuturor energiilor noastre în realizarea unei idei bune sau rele. Faptele sunt cele care ne pot schimba cel mai repede. De multe ori este greu să gândești bine, dar știind ceea ce este bine trebuie să te apuci să și faci. Acțiunea ta te poate schimba din străfunduri. Suntem galaxii și acțiunile noastre schimbă tot ceea ce se află în noi și sub noi în microlumi. Din această cauză, îi trimit pe pacienții mei să se închine la moaștele sfinților chiar dacă nu cred, să se spovedească deși nu știu ce înseamnă asta, să dea de pomană fără să priceapă și să dea Liturghii de iertare pentru lucruri pe care nu le înțeleg. Atingerea de sfințenie te îndumnezeiește chiar fără să știi, fără să fii conștient de asta.

Postul este o formă de creștere a vibrației. Asta pentru că modul cum mâncăm noi carnea, necurățată, o face să aibă mult Chi greu (energie KA), pe care îl acumulăm, și SN (suflet) de animale. Sigur că acest fapt poate fi schimbat și mă refer la pilda Sf. Petru care a avut viziunea multor trupuri de animale coborând din cer și care l-a auzit pe Dumnezeu spunându-i să mănânce. Mirat, a întrebat cum poate să mănânce ceva necurat. Atunci Dumnezeu i-a spus cum poate numi el necurat ceea ce a curățat El. Ideea este că se poate mări vibrația mâncării prin lumină și sublima acea energie negativă în lumină. Doar că, până în momentul în care vom ajunge la nivelul să facem asta, trebuie să ne folosim de orice instrument avem la îndemână ca să apucăm să creștem în lumină, să înțelegem și să aplicăm.

Ideală este hrana vie întrucât este plină de lumină. Prin asta înțeleg orice fructe sau legume proaspete, care conțin enzime și lumină. Lăstarii de legume. Grâul încolțit sau fasolea sunt din punctul de vedere al luminii benefice pentru corpul uman.

Curățarea hranei este o altă metodă de creștere a vibrației. Această curățare se poate face prin Reiki sau prin curățarea radiestezică. Se mai poate folosi crucea și rugăciunea ortodoxă, consacrarea yoghină etc. Se poate folosi uleiul și făina de la Maslu în prepararea alimentelor pentru curățarea lor. Sunt descrise în amănunt în cartea părintelui Alexandru Argatu despre viața părintelui său Ilarion Argatu.

Spuneam că suntem ceea ce bem, astfel că apa energizată sau sfințită contribuie, dacă este băută în post negru sau pe stomacul gol, la creșterea vibrației unui om. Dacă ținem cont că în postul negru organismul pierde din apă și, implicit, se deshidratează, odată cu ingerarea de apă cu vibrație superioară ea ocupă locul apei legate din celulă și automat crește vibrația omului respectiv.

Sunt băuturi care scad vibrația, precum cafeaua, alcoolul pur, dar care își pot schimba vibrația dacă sunt energizate. Lumina are capacitatea de a transmuta elementele și de a le transforma în bune. Doar cu fumatul nu se poate face nimic. Fumez și pot spune că asta scade vibrația. Fumatul blochează chakrele care nu mai emit lumină. Fumătorii au probleme în a-și mări vibrația. Dar la fel cunosc câțiva oameni care și-o scad în acest mod ca să rămână în mijlocul oamenilor.

Aerul. Un singur lucru am observat că nu poate fi schimbat prin lumină: tutunul! Orice ai face, fumatul scade vibrația unui om. Credeți-mă pe cuvânt, am încercat de nenumărate ori!

Suntem ceea ce respirăm, spuneam. Una este să fumez sau să lucrez într-un loc în care se fumează și alta în biserică sau într-un cabinet de terapie unde se arde smirnă, tămâie sau bețișoare parfumate! Una este să respir aerul Bucureștiului sau dintr-o vopsitorie și alta să stau în vârf de munte unde nu ajunge poluarea. Ori de câte ori putem, ar trebui să ieșim în natură să ne umplem plămânii de energia și puritatea ei.

Sexul. Suntem de asemenea dragostea fizică pe care o facem. Sau sexul. Dacă în timpul actului sexual participă și sufletul și lumina, se hrănesc îngerii. Dacă facem doar sex ca pe un sport și pentru plăcerea frecării, atunci hrănim demonii și ne încărcăm negativ. Actul sexual poate fi înălțător și ne poate ridica în sferele înalte sau ne poate coborî în tenebrele anticerurilor în funcție de intenție și de realizarea lui. Din punctul de vedere al acestuia, sunt mult mai avansați yoghinii și practicanții Chi Kung-ului sexual decât noi ortodocșii. La noi, actul fizic este văzut religios ca un mod de concepere de care trebuie să ne fie rușine, la ei ca o modalitate de terapie și înălțare spirituală. Când voi avea timpul necesar, voi studia această problemă. Este clar că nimeni nu ne-a învățat să facem dragoste până acum, iar ortodoxia cu atât mai puțin. Și până ajungem noi să ne naștem de la Duhul Sfânt mai este și, din păcate, nu avem altă metodă de concepție în afara celei cu epruveta.

Plus că în timpul actului sexual se produce o armonizare între parteneri care face ca ambii să crească sau să scadă vibrațional în funcție de chakrele care se deschid atunci.

Modul în care interacționăm noi oamenii este simplu de demonstrat. Dacă mă duc și fac arte marțiale îmi cresc agresivitatea, dacă practic iubirea și compasiunea ortodoxă sau Reiki agresivitatea scade.

Apropo de sex și de MISA. A fost un reportaj pe unul dintre canalele de televiziune prin cablu străine despre niște maimuțe care aveau ca obicei frecarea sau mângâierea părților intime ale celuilalt la fiecare întâlnire a lor. Rezultatul? În grupul respectiv de maimuțe nu exista cearta! Nu erau agresive! Așa că poate să mi se spună orice, dar că cei care fac Yoga sunt agresivi nu pot să cred. Plus că fiind unul care practică artele marțiale știu că actul sexual, ejacularea, te face să pierzi forma gând creată prin antrenament, așadar prin sex pierzi din agresivitate. Când te uiți la televizor poți realiza după agresivitatea verbală cât de mare este frustrarea sexuală!

Și mai există ceva care este o constatare proprie: nici un bolnav psihic nu are o viață sexuală normală. În 99% din cazuri lipsește cu desăvârșire! Asta exceptând devierile comportamentale sexuale.

Continența poate reprezenta o formă de protecție psihică pentru că prin ea crește energia vitală și crește capacitatea de protecție a sinelui și vibrația lui prin sublimarea energiei sexuale prin lumină. Și astfel ajungem la ceea ce doreau chinezii: formarea corpului Yang de lumină solidă cât timp trăim!

Este ceea ce rămâne din noi după moarte.

Oamenii cu care venim în contact. Câmpurile noastre interferă cu ale celorlalți oameni și astfel suntem impresionați de persoanele cu care venim în contact. Toți marii inițiați au plecat în pustiu pentru a se desăvârși și de abia după aceea s-au întors între oameni pentru a-i ajuta la rândul lor. Erau destul de evoluați spiritual pentru ca să nu mai fie nevoie să se protejeze. Lumina lor era atât de puternică încât curăța mizeria energetică și spirituală de pe ceilalți. Și se cunoșteau atât de bine că nu-i mai puteau influența gândurile, cuvintele, faptele și instinctele celorlalți.

La asta se referă și zicala populară: dacă stai între tărâțe, te mănâncă porcii! Anturajul face să ne ridicăm sau să coborâm spiritual, energetic, intelectual. Sunt prea puțini cei care intrând într-un mediu negativ nu se schimbă în rău, ba, din contră, schimbă mediul. Ideea este că până se ajunge să nu fim determinați de oamenii mai puțin evoluați spiritual cu care interacționăm este necesar să evităm contactul cu ei până după acel moment al drumului fără întoarcere către lumină, când devenim destul de puternici pentru a-i ajuta.

Nu este o lașitate să fugi pentru a te întoarce când ești pregătit să lupți, ci înțelepciune!

Un proverb arab spune: trăiește azi ca să poți lupta mâine!

Muzica are diverse vibrații care conectează la ceruri sau anticeruri. Prin muzică deschidem dimensiuni din care vin ori îngerii ori demonii. Acesta este principiul meloterapiei. Eu unul în cabinet pun muzică de relaxare chinezească, muzica lui Gheorghe Iovu sau Sarah Brightman, care sunt melodii din ceruri mari și care au valoare terapeutică intrinsecă.

O prietenă mi-a adus invitații la concertul dat de Sarah Brightman. Inițial am refuzat. Habar nu aveam cine este. Nu am o cultură muzicală foarte vastă. În cele din urmă, am mers. În timpul concertului am văzut deschizându-se cerurile deasupra scenei din Piața Constituției! A fost o minunăție. Am considerat un dar divin să merg acolo și pot spune că a fost unul dintre momentele cele mai frumoase din viața mea. Energia degajată de acolo mi-a permis să mă plimb prin Univers. Nu fac asta des. Deși știu și pot, nu o fac pentru că sunt lucruri mai importante pe lumea asta decât să mă plimb, fie că este vorba de Cer sau de Univers. Dar când mi-o îngăduie Doamne-Doamne, o fac cu mare plăcere și îi mulțumesc pentru dar.

Oricum, de atunci la mine în cabinet se aud printre melodiile de relaxare și cele interpretate de Sarah Brightman.

Cărțile conectează cu persoanele care le-au scris, cu problemele lor, cu lumina sau întunericul din ei, cu ideile pe care le emit. Plus că ideile citite pătrund subconștientul la fel de facil ca și cele insuflate prin mijloacele mass-media.

Filmele și programele TV transmit energie la distanță prin intermediul undelor. Nu numai că transmit o prostie simultan mai multor indivizi, dar o mai și amplifică. Filmele, emisiunile de divertisment, grupurile de umor au fiecare energia lor benefică, vibrația lor, funcție de temele pe care le abordează. Teatrul a fost o metodă de educare a oamenilor. Acum filmul și, în general, ceea ce se produce au ca scop îmbogățirea și foarte puține își păstrează linia educativă originară. Din păcate, impactul lor este atât de mare încât nu există om care să nu fie influențat de acestea iar sensul nu este pozitiv. Metodele de contracarare sunt simple. Rugăciunea după ce ne uităm la televizor, înainte de a ne culca. Sau autotratament Reiki tot înainte de a adormi. Spuneam că la un moment dat învățasem să mă curăț destul de bine și mă uitam la diverse emisiuni sau filme ca să văd cum îmi este influențat somnul de urmărirea lor. Este o experiență interesantă.

Florile au câmpul lor, care interferă cu al nostru. Există din acest punct de vedere plante „reci" sau „calde", prin asta înțelegând sentimentele pe care le trezesc și atmosfera pe care o creează. Unele sunt potrivite pentru apartament, altele pentru birou și altele pentru terapie, funcție de culorile lor, de flori și frunze. Ele se bucură și suferă alături de noi și, prin sentimentele pe care ni le trezesc, rezonează cu noi.

Animalele au câmpuri apropiate de ale noastre. Au suflet, chakre și câmpuri precum ale noastre. Ele preiau din bolile și păcatele oamenilor suferind de multe ori din cauza asta și plătind cu propria lor evoluție.

Apropo de animale și magia folosită cu broaște. Una dintre cursantele mele care s-a grăbit să crească spiritual și și-a luat măestrii peste măestrii s-a umplut deodată de bube. Pe față, pe corp, pe pielea capului, sub păr era totuna. Nu am avut voie de Sus să o curăț. Era școala ei. Și mergea din ce în ce mai rău. La un moment dat, o doamnă doctor homeopat i-a dat un remediu bazat pe extract de broască. De abia după aceea a visat cursanta mea o broască închisă într-un borcan! Avusese farmece făcute pe broaște!

Tablourile sunt pictate până la urmă de oameni care sunt inspirați și care transpun în ele stările lor de spirit. De aceea a ține în casă un tablou este ca și cum ai avea o poartă spre sufletul artistului în acel moment și spre subiectul pictat. Ceea ce este pe pânză emite tot timpul energia cu care a fost pictat în momentul creației.

Icoanele sunt porți spre ceruri, spre cei ale căror chipuri sunt reprezentate. Ele păstrează din energia sfinților, ale Maicii sau a lui Iisus Hristos. O icoană este un loc pe unde ne intră în casă energia din cerurile unde se află entitățile reprezentate.

Nu sunt de acord cu prea multa cinstire a lor. Este ca și cum în loc să onorez un om care merită m-aș preocupa mai mult de fotografia lui! Dacă mă duc într-o biserică, cinstesc icoanele prin sărutarea lor. Nu am nimic împotrivă. Dar nu confund icoanele cu persoanele care sunt reprezentate în ele. Nu simt nevoia să mă duc la icoanele care plâng. Sunt mult mai curios să simt, să văd prezența Maicii Domnului decât icoanele ei plângătoare. Există mai multe posibilități în ceea ce privește apariția acestora. Fie sunt falsuri făcute de persoanele de acolo pentru a atrage credincioși și, implicit, banii lor, fie sunt o minune cu adevărat și atunci este tragic dacă se recurge la așa ceva ca să ne întoarcă la credință. Adică o minune de prost gust ținând cont de cele pe care Dumnezeu le-a făcut până acum de la crearea Universului și a Omului.

Culorile au diverse vibrații asemănătoare chakrelor. Fiecare are însă tot șapte nuanțe. Alegerea unei culori pentru o cameră, a culorilor în care ne îmbrăcăm, a culorii mașinii poate spune ceva despre noi, despre starea noastră de spirit. Iar schimbarea culorilor, chiar dacă nu ne place, ne poate schimba în timp starea de spirit. Femeile fac instinctiv asta: când sunt supărate se duc să-și cumpere niște țoale noi. Nu este rău, atâta timp cât nu devine o obișnuință și cât nu-și depășesc limita cărții de credit!

Inițierile cresc vibrația mai rapid de cât orice. Botezul ortodox, care presupune deschiderea către lumină și primirea unui înger păzitor, inițierile Reiki, care permit primirea ghizilor Reiki, optimizarea radiestezică sunt doar câteva dintre căile de deschidere a canalelor către lumină. Mai sunt, de asemenea, hirotonisirea și călugăria ca un al doilea botez care curăță din nou canalele și care dau îngeri păzitori mai numeroși. Dar, din păcate, călugăria presupune o renunțare la lume și, ca și preoția, nu este accesibilă oricui. Femeile nu pot fi preotese în ortodoxie. Cred că va mai trece timp până ce vom vedea femei preotese ortodoxe. Din câte știu până în acest moment, cea mai rapidă creștere a vibrației se face prin inițierile Reiki și este accesibilă oricui, indiferent de naționalitate, vârstă, sex, apartenență politică sau etnie.

Optimizarea radiestezică se face prea rar și în localități diferite, nepermițând participarea celor care nu au posibilitatea materială de a călători.

Sistemul radiestezic este unul bun din punctul de vedere al evoluției și cunoașterii spirituale, cu toate tarele lui pe care le-am descris în cărți și care cred sincer că vor fi corectate în timp.

Slujbele ortodoxe, participarea la liturghii, masluri, vecernii sau utrenii, pomeniri, nunți, botezuri, cresc vibrația celor prezenți. De fiecare dată când se deschid cerurile se dau daruri, fie se iartă din păcatele noastre, fie primim câte ceva spiritual care să ne ajute în misiunea noastră personală.

Meditațiile care se fac pe lumină, pe sfinți, iantre, mantre, sub orice formă, fac să ne crească accesul la cerurile superioare și implicit lumina personală. Stai în Dumnezeu, ai mai multă parte de Dumnezeu! Gândul conectează la persoana sau lucrul la care te gândești!

Scăderea vibrației

Așa cum există modalități de creștere a vibrației, apar evident și posibilitățile de scădere a ei. Este bine să le cunoaștem? Cred că da. Pare ciudat, dar se poate întâmpla la un moment dat să fii nevoit să-ți scazi lumina interioară.

Sunt două cauze pentru care este necesar să știm așa ceva. Prima, pentru cei care urcă și au nevoie să cunoască de ce trebuie să se ferească pentru a putea evolua, și a doua pentru cei care sunt deja mai sus, care îi îndrumă pe ceilalți și care trebuie să se păstreze la un nivel de la care pot ajunge la mentalul celor pe care îi îndrumă. Mentalul uman are o inerție spirituală și evoluează destul de greu. Din experiența mea de maestru am aflat că prea multă lumină strică de multe ori celor care nu o au.

Mergeam să țin cursuri în țară și înainte de ele îmi făceam curățările și încărcările specifice Reiki-ului. Am observat însă că informații simple nu puteau fi înțelese de cei care veneau la curs. Și căutând cauza, am făcut următoarea analogie: o căprioară care iese noaptea în fața farurilor unei mașini va rămâne blocată, orbită, neștiind încotro să o ia.

Motivul este simplu: ieșirea bruscă de la întuneric la lumină produce o orbire temporară. La fel se întâmplă și cu oamenii. Informațiile spuse la vibrații prea mari în comparație cu ale lor nu rezonează cu aceștia și, prin urmare, ei nu le înțeleg. Singura posibilitate este ca maestrul spiritual să-și scadă vibrația atât cât să rezoneze cu cei pe care îi îndrumă pe calea luminii. Plus că orice maestru care dorește să aibă o viață de familie, implicit o activitat sexuală cât de cât normală, trebuie să învețe să-și controleze lumina interioară.

Factorii care determină scăderea vibrației sunt:
- păcatele mari, cele împotriva Duhului Sfânt: crima, avorturile, sexul oral;
- inițierile pe întuneric (unele rituri masonice);
- participarea la ritualuri satanice, invocările demonilor și liturghia neagră;
- artele marțiale de orice natură;
- boxul;
- fumatul;
- alcoolul;
- muzica de tip hard-rock, heavy-metal, manelele și melodiile aparent pașnice cu mesaje subliminale malefice;
- filmele de groază, porno, emisiunile de vibrație joasă;
- lecturile de factură proastă;
- preluările de către maeștrii Reiki din inițieri și terapii;
- preluările de energii de către radiestezişti la curățări, cursuri, optimizările celor mai mici în grad;
- preluările negative ale preoților din molitfe, masluri, spovedanii.

Țin să fac o precizare: Lumina interioară de valori mari nu corespunde unor calități certe ale omului respectiv

De multe ori am găsit calități la oameni cu DH mic. Merită ajutați. Dacă și-au păstrat calitățile în întuneric cu atât mai mult sunt valoroși în lumină.

CAPITOLUL 5

Protecția

O să încep cu modurile de protecție pe care le-am învățat în mânăstire și mă refer la cele ortodoxe.

Rugăciunea și postul

Tot ce înseamnă protecție în ortodoxie se referă mai mult la demoni și la apărarea împotriva lor. Pentru cei interesați și evident care nu știu, trebuie să le spun că rugăciunea este o modalitate prin care se capătă ajutorul entităților spirituale superioare și ele ne apără, nu este un mod de protecție propriu. Te rogi și capeți pentru asta ajutorul sfinților, al Maicii și al lui Iisus Hristos. Este una dintre modalitățile de apărare cele mai bune pentru că smerenia, prin recunoașterea faptului că nu poți să te aperi singur, face ca să intervină lumea de sus.

Mai este necesar să precizez un lucru, că motivele pentru care se îngăduie magia și atacul PSI este ca să învățăm despre lume și viață și să ne plătim păcatele. Din viața asta sau din altele.

În timpurile când mă preumblam pe la părintele Argatu aveam un canon destul de dur pe care trebuia să îl urmez. Trebuia să citesc dimineața și seara, în total două ore și jumătate de rugăciuni pe care le găseam în Ceaslov și Acatistier.

Începeam dimineața cu: rugăciunile dimineții, Canonul de pocăință față de Iisus Hristos, trei catisme din Psaltire, acatistul zilei, acatistul sfântului personal, Acoperământul Maicii Domnului.

Și seara: rugăciunile de seară, o catismă, Canonul de pocăință către puterile cerești și către îngerul păzitor, Paraclisul Maicii Domnului.

Câteodată mai citeam la miezul nopții Mieznoptica. Asta pentru că orice rugăciune este mai puternică dacă este făcută la miezul nopții. Este socotită rugăciunea de aur.

Evident că asta nu este tot. Mai sunt și mătăniile: o cruce, urmată de aplecarea la pământ până se atinge cu fruntea pământul, ridicarea în picioare și încă o cruce. Închinăciunile mari. Se face crucea, se atinge cu mâna dreaptă pământul, apoi se face altă cruce.

Noi avem o părere greșită față de Dumnezeu. La un moment dat, m-am dus la biserică cu o fată care îl vedea pe Dumnezeu. Ea s-a așezat în mijlocul bisericii ca acasă, privind la El. O „preacucernică" femeie în vârstă a început să-i spună cum de își permite să stea așa în biserică! Și asta pentru că nu stătea nici în genunchi, nici în fund pe podeaua bisericii, ci într-o parte, pe-o coapsă.

Dumnezeu nu are protocoale, astea ne-au fost învățate prost de către preoții noștrii.

Sistemul de rugăciune pe care l-am prezentat anterior este un mod de a te ruga pe care eu însă îl consider greșit. De fapt, este util până la un moment dat.

Odată m-a întrebat o doamnă cum să se roage, ce să citească și de unde. I-am spus că o iubesc și că drept urmare îi voi recita în fiecare zi Luceafărul de 10 ori. A înțeles. Nu rugăciunea este atât de importantă, cât mai ales de unde se face ea. Din suflet, din minte, din gură doar? Este adevărat că „rugăciunea multă naște rugăciunea de calitate" cum spun Sfinții Părinți, dar numai dacă este făcută din suflet.

Rugăciunea din suflet

Rugăciunea, fie în gând, fie prin cuvinte, este aceea care face să te conectezi la divinitate. Am observat însă că nu știm să ne rugăm. La un moment dat a venit la mine o doamnă care îmi spune că ea se roagă mult în genunchi, dar degeaba. Și atunci mi-a venit în minte ideea să măsor pe o scală de la 1 la 10 cum se roagă. Era de 2? Am realizat în acel moment că nu știm să ne rugăm și am început să-i măsor pe cei care veneau la mine. Am realizat că nimeni nu ne învață cum să facem asta și că trebuie găsiți pașii spre adevărata rugăciune care să ne permită să accesăm energiile divine. Cercetând, cred că am găsit o cale.

Mai înainte de a începe să te rogi este bine să te gândești la inima ta. Prima oară la organ, așa cum îl vedem în atlasele de anatomie. Ea este sediul sufletului. Odată ce te gândești la ea, fie la bătăile inimii ținând mâna pe ea, fie gândindu-te la imaginea ei cum bate și pompează sânge, te-ai apropiat și mai mult de scop. Dincolo de organ, de care te-ai apropiat mental, este întunericul și mai departe, dincolo de el, este sufletul tău. Și așa te-ai conectat la el.

Abia acum, odată legate sufletul cu mintea, rugându-te poți ajunge mai ușor la Dumnezeu. Pentru că sufletul nostru este partea de Dumnezeu din noi. Scânteia divină din noi.

Pasul următor pe o scală a rugăciunii este unirea celor două, minte-suflet, cu sinele. Dar asta presupune trezirea sinelui și îmbrățișarea credinței la nivel interior. Asta este altă etapă. Cea a treziților.

A te ruga din suflet înseamnă să-ți unești cele două componente ale rațiunii și sufletului în dorința de a comunica cu divinitatea. Cea mai elaborată rugăciune este cea în care se folosește și puterea sexului. Dar este un alt nivel pe care am să îl explic mai târziu.

La începuturile terapiei mele măsuram cât se roagă respectivul pacient din suflet, pe o scală de la 1 la 10. Ajungeau pe la 7-8. Cele mai apropiate de Dumnezeu, tot doamnele erau și asta pentru că ele se implică emoțional mai mult decât bărbații în ceea ce fac.

Dar pentru cei care nu știu să se roage, le voi explica încă o dată cum:

Se închid ochii, ne coborâm capul în piept și ne gândim la inima noastră ca organ. Ne-o imaginăm bătând, pompând sânge. Ea este sediul sufletului la nivel astral. Ne unim astfel mintea cu sufletul și acum putem să ridicăm o rugă către Dumnezeu de care să fim siguri că va fi auzită.

Și mai este o șmecherie: orice rugăciune care are la început o scurtă închinare către Maica Domnului va ajunge sigur la Dumnezeu. Când era pe cruce, Mântuitorul a spus Maicii Lui referindu-se la Ioan Evanghelistul: „Maico, uite Fiul Tău! Fiule, uite Maica ta!" Prin asta Mântuitorul ne-a făcut pe toți Fii ai lui Dumnezeu!

V-a spus vreodată vreun preot că sunteți cu toții Fii ai lui Dumnezeu, făcuți de Iisus Hristos Însuși, și că nu aveți nevoie de intermediar pentru a avea o legătură personală cu Dumnezeu, cu Maica și cu sfinții? Păi, de ce să vă spună dacă prin asta vă pierde de mușterii?

Ei vă spun că fără Tainele Sfintei Biserici nu poți accede la dumnezeire! FALS! Sunt Fiu al lui Dumnezeu și am acces la lumină prin Iisus Hristos. Nu atât botezul dă accesul la lumină, cât acceptarea cu adevărat a Mântuitorului în sufletele noastre. Împărtășirea se poate face chiar de însuși Mântuitorul pe cealaltă parte, în lumea spirituală.

Preoții au acces la lumină, dar nu o folosesc pentru că nu știu, nu pot sau nu vor. Unii nici nu cred, întrucât s-au făcut preoți pentru bani, nu din considerente spirituale. Din cauza asta lumina interioară a preoților este de multe ori mai joasă decât a terapeuților și în cel mai bun caz o folosesc duminica, la Liturghie.

Iisus Hristos poate face preot pe oricine la nivel spiritual, pentru că a fi preot al Lui presupune să-i urmezi Lui și să-i îndeplinești crezul având grijă de „oile" Lui: „Adevărat spun vouă că Dumnezeu poate face din piatra asta fii ai lui Avraam!"

Chiar dacă rugăciunea noastră nu este curată pentru că nu suntem sfinți, ea este preluată de Maica și dusă Dumnezeului Tată! Eu spun rugăciuni scurte către Maica Domnului, rugăciuni care erau făcute de Sfântul Serafim de Sarov:

Cuvină-se cu adevărat să Te fericim pe Tine, Născătoare de Dumnezeu, cea pururea fericită și prea nevinovată și Maica Dumnezeului nostru. Ceea ce ești mai cinstită decât heruvimii și mai mărită fără de asemănare decât serafimii, care, fără stricăciune, pe Dumnezeu-Cuvântul ai născut, pe tine, cea cu adevărat Născătoare de Dumnezeu, Te mărim!

Bucură-Te Marie ceea ce ești plină de har, Domnul este cu Tine. Binecuvântată ești între femei și binecuvântat este rodul pântecelui Tău că ai născut pe Mântuitorul sufletelor noastre.

Ușa milostivirii deschide-ne-o nouă, binecuvântată Născătoare de Dumnezeu Fecioară, ca să nu pierim cei ce nădăjduim întru Tine, ci să ne mântuim prin Tine de nevoi, că tu ești mântuirea neamului creștinesc.

Umple de bucurie inima mea Fecioară ceea ce ai plinit plinirea bucuriei mâhnirea păcatului pierzând.

Un alt preot călugăr, părintele Pantelimon de la Cernica m-a învățat un alt sistem de protecție. Se fac trei mătănii, se spune de trei ori:

Să vină Dumnezeu să îndepărteze vrăjmașul de la fața mea, din viața, familia și calea mea, să se ducă pe pustiii!

După care se fac alte trei mătănii și te stropești cu aghiazmă mare. Parcă am mai scris că așa se face de fiecare dată când pleci de acasă.

În una din zilele în care am făcut acest ritual, acum vreo zece ani, mă duceam la forțele de muncă să-mi pun ștampila pe carnetul de șomer. La întoarcere îmi vine să ocolesc și să nu o iau pe drumul pe care venisem. Dar, m-am gîndit eu: „Ce-ar fi să o iau tot pe acolo ca să văd de ce nu trebuia să mă întorc pe același drum?" Nu s-a întâmplat nimic până ce la un moment dat am văzut venind în fața mea o babă urâtă. La circa 3-4 metri în fața mea s-a izbit efectiv ca de un zid invizibil și a ricoșat în șanțul de lângă alee. S-a uita la mine urât și a început să bolborosească ceva. M-a luat o durere cumplită de cap. Am început să mă rog în gând. Spuneam Psalmul 50, psalmul smereniei. Am căscat mai să-mi rup fălcile încercând să înlătur negura care îmi cuprinsese capul, dar nu am reușit. Ajuns acasă m-am pus în pat și am adormit instantaneu. Am visat că eram pe o alee frumoasă și că la un moment dat am intrat într-un loc feeric unde l-am întâlnit pe tatăl meu. Era îmbrăcat vânător și urmărea niște gâște aflate pe un lac. I-am spus că nu are rost să le împuște și că i le prind vii ca să aibă grijă de ele. Am sărit în apă și am prins gâscanul. La marginea lacului era o gură de peșteră, de unde a ieșit o femeie îmbrăcată într-o haină albă și având niște mâini uscate și lungi cu unghii încovrigate și vopsite, care când m-a văzut a început să spună un blestem a cărui idee principală era să mă înghită apele. Apa din jurul meu a început să se ridice, dar se oprea la un metru de mine. Priveam cum se ridică apa în jurul meu și cum mă închide ca într-un cilindru. S-a enervat și a spus: „Iar nenorocitul ăsta de Argatu! Spune-i că iubirea lui de Dumnezeu este ca f... dintre doi câini!"

M-am enervat și eu și, cum apele scăzuseră în jurul meu, am alergat după ea și am început să-i dau cu gâscanul în cap. Am continuat să alerg după ea și am intrat în peșteră. Culoarul nu știu unde dădea, dar m-au oprit doi câini mari și negri, care au început să alerge după mine. M-am trezit transpirat.

Am fugit repede la mânăstire la părintele Pantelimon și i-am povestit. S-a supărat și mi-a spus: „Măcar i-ai dat ca lumea în cap cu gâscanul?"

„Oh, da părinte!"

„Era una dintre vrăjitoarele care vin pe la nașul!" A fost ultima lui replică înainte de a începe să râdă.

Părintele Argatu era nașul de călugărie al părintelui Pantelimon.

CAPITOLUL 6

Sisteme de protecție

Fără să vrei, în timp, pe parcursul propriei evoluții spirituale constați că același atac PSI asupra a doi oameni diferiți are alt efect. Acest efect, am descoperit, este diferit datorită mai multor factori care stau la baza alcătuirii structurii psihice a individului și poate fi scăzut sau anihilat complet dacă intervin sistemele de protecție.

Trebuie să precizez de la început că, indiferent de protecția pe care ne-o facem noi, nu suntem inexpugnabili și cel mai bun sistem de protecție este Dumnezeu.

Există un parametru care se cheamă protecția divină, PD, și care reprezintă gradul în care Dumnezeu are grijă de noi. Grija lui Dumnezeu față de noi este funcție de:

– ceea ce facem noi pentru lumină, pentru oamenii din jur, pentru lume și viață;

– de karma personală și aceea de neam;

– este la rândul lui determinat de păcatele din viața aceasta și din alte vieți, de aceea iertarea păcatelor, IP, este foarte importantă în vindecarea sau chiar protecția PSI a cuiva. Poate că ar trebui să detaliez acest parametru pentru a fi clar pentru toți.

În altă ordine de idei, lumina interioară a omului este în strâns raport cu PD: lumina interioară, LI, sau DH (Duhul Sfânt) în radiestezie, este dată de faptele noaste din viețile trecute sau din viața asta. Sunt fapte care scad mult DH-ul, precum avorturile sau crima, dar și păcatele împotriva Duhului Sfânt. Astfel, DH-ul reprezintă un parametru după care se poate spune cam care este karma personală a unui individ. Există modalități de creștere a luminii interioare prezentate în capitolul „Creșterea vibrației sau a luminii interioare".

Folosirea Psalmilor în protecție
Există mai multe metode de folosit Psalmii în protecția personală, funcție de ceea ce avem nevoie.

Protecția chakrelor
Se pot folosi psalmii pentru închiderea chakrelor atunci când intrăm într-un mediu care ne este ostil din punct de vedere energetic. Care este sensul acestui act magic? Chakrele sunt niște porți între universul exterior și cel al nostru, interior. Este în interesul nostru să păstrăm aceste porți deschise spre lumină, dar mai ales să nu lăsăm să pătrundă prin ele întunericul. Întotdeauna, în situațiile de criză, atunci când trebuia să fac tot ceea ce știu ca să scap teafăr, am folosit și această metodă.

Psalmul 22, psalm al lui David, este unul dintre cei mai dragi psalmi mie prin puterea pe care o are:

1. Domnul mă paște și nimic nu-mi va lipsi.
2. La loc de pășune, acolo m-a sălășluit, la apa odihnei m-a hrănit.
3. Sufletul meu l-a întors, povățuindu-mă pe cărările dreptății pentru numele Lui.
4. Că de voi și umbla în mijlocul morții, nu mă voi teme de rele, că Tu cu mine ești.
Toiagul Tău și varga Ta, acestea m-au mângâiat.
5. Gătit-ai masă înaintea mea, împotriva celor ce mă necăjesc; uns-ai cu untdelemn capul meu și paharul Tău este, adăpându-mă ca un puternic.
6. Si mila Ta mă va urma în toate zilele, ca să locuiesc în casa Domnului întru lungime de zile.

Redeschiderea chakrelor se poate face cu un Tatăl nostru.

Preoții și călugării mai folosesc câțiva psalmi care sună a blestem, precum psalmii 108, 33 și 64, cu citirea căruia nu sunt de acord. Dar trebuie să mărturisesc că există o limită a răbdării pe care însuși Dumnezeu o are, așa că, dacă cineva nu vrea și nu vrea să te ierte pentru că se simte bine în postura de călău, nu ai încotro decât să o folosești. Mă refer la ceea ce am mai scris că victimele se transformă ele însele în călăi și gustă din plăcerea de a se răzbuna având însă scuza că vina este a celuilalt. Mă refer la lucrurile rămase neîncheiate din alte vieți.

Împotriva blestemelor preoțești, care folosesc Psalmii, se folosesc tot Psalmii! Pe principiul cui pe cui se scoate!

Cilindrii de lumină în protecție

La un moment dat suferisem din dragoste și, supărat pe doamna care mă rănise, m-am așezat frumos în genunchi și am citit timp de o oră și jumătate cele nouă catisme. Apoi am vizualizat coborând din cer cilindrii de lumină. Țin minte că atunci am condiționat ca nici o femeie să nu mai poată ajunge la mine, la sufletul meu, decât dacă va putea să citească cele nouă catisme. După ceva timp a existat una. A fost o copilărie, dar atunci asta am simțit, asta am făcut.

Cilindrii de lumină i-am folosit și ca armă. O prietenă avea prostul obicei să mă lege. O relație karmică. Am încercat să o fac să înțeleagă că nu este cel mai bun mod de a stinge o karmă, dar nu a înțeles. Așa că, într-o noapte am băgat-o în trei cilindri de lumină. Am legat-o la rândul meu. I-a fost rău toată ziua următoare și, cum nu am putut să stau să văd cum se chinuie, am dezlegat-o. Să nu se creadă că a înțeles ceva – a continuat pe drumul ei, fără mine.

Mai sunt în cartea lui Colin James, Puterea magică a psalmilor, chei ale psalmilor care pot fi folosiți în viața de zi cu zi. Din păcate, cartea aceasta este o carte cu EBF 96, are niște influențe malefice atât de mari și a supărat atâta lume care nu dorește lumina încât nici nu îți vine să pui mâna pe ea. Pur și simplu există persoane a căror ocupație este să lege și să informeze negativ aceste cărți, precum pățesc și eu cu ale mele. Ei se străduiesc ca informația cuprinsă în cărți să nu ajungă la cei care au ajuns la maturitatea spirituală să le înțeleagă.

Liturghiile, maslurile și acatistele
Sunt slujbele cele mai importante ale ortodoxiei.

Dând Sfinte Liturghii, ni se iartă din păcatele pe care multe dintre ele nici nu le conștientizăm, plus că date la mai multe mânăstiri ajung să creeze în jurul nostru un câmp de protecție, o formă gând, dată de binecuvântarea preoților respectivi care ne protejează. Pe lângă aceasta, ne mai eliberează într-o oarecare măsură și de karma personală și de cea de neam.

La fel se întâmplă și cu maslurile și acatistele. Ideea este că, totul fiind energie, orice rugăciune a unui preot eliberează o anumită cantitate de energie și de o anumită calitate care este proiectată asupra noastră în momentul în care ne este rostit numele.

Rugăciunea și postul cuiva ne poate ajuta prin faptul că dându-ne lumină preiau din energia negativă care ne este trimisă de altcineva sau care este rezultatul unei reactualizări a unei probleme karmice.

Liturghia
Nu sunt de acord cu faptul că un om simplu nu poate citi sau ține el însuși liturghia. Liturghia, ca slujbă, este o rememorare a vieții lui Iisus Hristos. În primele veacuri, copii se jucau împărtășindu-se în numele lui Iisus. Spunea Mântuitorul: „Unde se întâlnesc doi în Numele Meu voi fi și Eu cu ei!" Până la urmă este vorba de ceea ce se face și mai puțin de modul (ritualul) în care se face.

Eu unul, la un moment dat, am intrat într-o biserică și am văzut o carte cu Liturghia Sfântului Ioan Gură de Aur. Am luat-o cu intenția să o citesc ca pe o carte și să înțeleg și eu mai bine despre ce este vorba în slujbă.

Am citit-o.

Într-o altă seară am fost atacat de cineva. Era o chestie curioasă că fusesem lovit pe partea stângă, deși energia îmi părea că vine de la un bărbat. Măsor vibrația celui care a atacat și descopăr că era 46. Mare pentru un om obișnuit. Sunt preoți care nu o au așa mare. Descopăr din aproape în aproape lucruri interesante. Că de fapt în spate era o femeie pe care o cunoșteam și care avea vibrație 33, dar care se împărtășise la un episcop! Cu vibrația nouă și energia superioară putuse să-mi taie câmpurile! Ce puteam să fac? Atunci mi-a trăznit ideea: am aprins 9 lumânări și am început să citesc Sfânta Liturghie. Cerurile s-au deschis și lumina care a venit de la spiritele superioare mi-a curățat reziduurile energetice de după atac. Pe mine m-a salvat. De ce să nu poată face și altcineva Liturghia la el acasă? „Să faci biserică din casa și inima ta!" a zis Iisus.

Iisus Hristos este al nostru, al păcătoșilor, nu al bisericii, episcopilor și preoților. Ei sunt curați, preasfinți, preafericiți și preacucernici și nu au nevoie de Iisus ca noi ăștia mai mici, păcătoși și neștiutori.

Împărtășania

Am vorbit anterior de modul greșit în care poate fi folosită Sfânta Împărtășanie. În cărțile mele anterioare am scris și de femeia care se împărtășea și apoi folosea lumina ca să ghicească în cărți. Cine este vinovat până la urmă? Nu cred că preotul sau episcopul. Eu unul îl consider de bună credință și spre binele enoriașilor el le dă Sfânta Împărtășanie. Răspunderea revine și celui care se împărtășește.

Eu unul cam fug de Împărtășanie pentru că știu ce înseamnă să fii „fur de cele sfinte". Chiar pe cei care vin la mine și spun că se împărtășesc îi sfătuiesc să fie cu luare aminte la acest lucru, pentru că dacă nu meriți mai bine renunți.

Este împărtășania o armă PSI? Categoric, da! Creșterea vibrației face ca implicit puterea sabiei unui om care se împărtășește să crească. De asta există și lupta asta împotriva Bisericii Ortodoxe Române. Îndepărtarea oamenilor de biserică îi face să devină mai vulnerabili și mai ușor de manevrat PSI. Problema este că la ora actuală sunt tot mai mulți preoți care sunt mai puțin păstori și mai mult lupi. Ce se poate face? Demascați-i, cuvântul se duce și oamenii se vor putea adresa adevăraților preoți. Nu cred că este important că un preot bea sau fumează. Nici măcar dacă s-ar duce la femei nu m-ar interesa, ci ceea ce simte el în sufletul lui pentru Dumnezeu, Iisus, Maica și Sfinți. Prefer un preot păcătos, dar care este plin de iubire de Dumnezeu și îngăduință față de semeni decât unul curat care sperie oamenii cu iadul. Pentru primul mă rog și, dacă pleacă înaintea mea, ca unul care am acces la lumea de dincolo, îl dezleg și mai preiau și eu din păcatele lui pentru ceea ce a făcut bine pe lumea asta. Pe celălalt nici nu vreau să îl văd.

Împărtășania ca formă de protecție

Pe la începutul vieții mele spirituale, după ce am început să citesc molitfele și să am din cauza asta o groază de probleme, am fost nevoit să caut tot felul de metode să mă protejez sau să mă curăț. Pe vremea aceea era biserica dintre magazinele Unirea și Cocorul unde se țineau slujbe zilnice și preoții ieșeau cu Sfintele Taine. Așa am ajuns să observ că simpla atingere de ele, pentru că preoții de atunci făceau turul bisericii și atingeau capetele enoriașilor, făcea să te cureți. Entitățile negative, duhurile necurate fugeau la simpla atigere de Carnea și Sângele Mântuitorului. Și este logic până la urmă. Vibrația Sfintelor Taine este așa de mare încât arde orice este întuneric. Nu mai vorbesc că era o metodă ideală de a testa dacă un gând este pozitiv sau nu. După ce te atingea cu

Focul Divin te trezeai golit de mare parte din gândurile parazite negative. Trecerea preotului peste bolnavi cu Sfintele Taine, atingerea hainelor preoților de către mireni, nu reprezintă decât același tip de curățare sau terapie spirituală. Prin aceste metode se poate scăpa de magiile simple, de argintul viu, de legăturile de vibrație joasă, de făcături pe diverse elemente. Împărtășania este și o formă de protecție. Cum mi se întâmplă destul de des să supăr pe alții, am reușit de data asta să deranjez un grup de inițiați. N-a fost deloc drăguț când săbiile lor mi-au tăiat câmpurile. Ritmul în care mi le tăiau depășeau cu mult ritmul în care eu și îngerii mei le puteam coase! Și atunci m-am dus la biserică și, fără să mă spovedesc, m-am împărtășit. Mi-am cerut iertare de la Iisus și Doamne-Doamne întrucât era un caz de forță majoră și era mai important să supraviețuiesc și am făcut-o. Cert este că după aceea săbiile lor de lumină nu au mai avut nici un efect asupra mea.

Ca formă de protecție împotriva magiei negre. Într-un atac PSI pe întuneric, de lungă durată, când se închid canalele spre lumină, Împărtășania poate fi acea scânteie care să redeschidă lumina de jos în sus. Din păcate, ritualul prin care preoții ies cu Sfintele Taine și ating oamenii sau trec peste ei nu se mai folosește. Este adevărat că preotul trebuie să fie foarte curat, altfel demonul îl poate împiedica și, dacă se scapă pe jos o singură firimitură de pâine înmuiată în vin din Sângele și Carnea Mântuitorului, biserica respectivă trebuie arsă din temelie, iar preotul nu mai are altă șansă de mântuire decât călugăria! Așa se pare că este legea dată de sinoadele trecute. No comment!

Împărtășania se mai poate folosi la copiii care au protecție divină mică și care sunt atacați de entități în timpul nopții, motiv pentru care se trezesc plângând, datorită problemelor karmice personale sau din cauza păcatelor părinților sau pentru susținerea energetică și spirituală a bolnavilor ori a celor aflați pe patul de moarte.

Platoșa Sfântului Patrick

Sincer, nu mai știu de unde am luat-o și nici cum se scrie numele sfântului, dar eu unul am folosit-o destul de des și mai ales când nu aveam timpul necesar să îmi fac altă protecție sau când nimic nu mai reușea să mă apere:

Cristoase fii cu mine,
Cristoase fii în mine,
Cristoase fii în fața mea,
Cristoase fii în spatele meu,
Cristoase fii de-a dreapta mea,
Cristoase fii în stânga mea,
Cristoase fii deasupra mea,
Cristoase fii dedesubtul meu,
Cristoase fii de jur împrejurul meu. Amin

Săbiile de lumină în protecție

Sunt armele cele mai comune care se pot folosi la nivel astral. Mulți le au prin inițiere, fie Reiki, fie radiestezice, fie preoția sau călugăria ortodoxă, dar nu știu să le folosească și de aceea am considerat necesar să vorbesc despre ele.

Este prostia bisericii sau a radiesteziei de a ascunde anumite lucruri de ceilalți oameni, ca să nu încapă pe mâinile cuiva care să le folosească în rău: trebuie înțeles că NIMENI nu ajunge la vibrația de a avea o sabie de lumină fără acord divin! Arme au mulți. Chiar și maeștrii shaolin sau cei care exersează cu arme în Wu Shu au acces la arme la nivel astral. Doar că nu au lumină. Puterea lor rezidă în cantitatea energiei, dar nu în calitatea ei.

În general de la Reiki grad I, unde se fac „tăierile de corzi" de pe propriile mâini sau corp, dar și de pe corpul pacientului, se poate vorbi despre sabie de lumină. (Vezi pentru tăieri *Reiki – între mit și realitate.*) Creșterea vibrației palmei prin activarea ei cu simboluri și strângerea degetelor cu palma întinsă o transformă într-o sabie de lumină.

Se pot măsura cu ansa dimensiunile ei: lungime, grosime, DH-ul. Prin DH-ul ei înțeleg gradul ei de luminozitate. Un DH de 100 reprezintă manifestarea luminii și sabiei cristice!

De asemenea, fiecare o vizualizează în funcție de forma cu care rezonează și care rămâne din viețile lui anterioare. Mie îmi plac și săbiile de samurai, dar și cele ale cavalerilor templieri și le folosesc în funcție de moment.

În radiestezie, pentru încărcarea sabiei se folosește un algoritm care sună așa:

În numele și pentru ca Slava și Puterea Tatălui, a Fiului și a Sfântului Duh să se manifeste, brațul meu (drept sau stâng) se înfășoară în lumina Sfântului Duh pentru a forma sabia de lumină a Tatălui și a Fiului. Amin

Se așteaptă 15-20 de secunde, concentrare IE maximă, ochii semideschiși, respirație în apnee, cu apariția senzației de căldură, vizionându-se brațul drept sub forma unui cilindru de lumină aurie care se lungește mult dincolo de degete, precum și apariția sentimentului de realizare, satisfacție și de inutilitatea continuării.

În Reiki încărcarea sabiei se face odată cu activarea palmei cu simboluri. În funcție de simbolurile pe care le folosim, sabia capătă vibrație corespunzătoare.

Pentru folosire sabiei în protecția personală trebuie reținut că un individ poate fi lovit dacă lumina lui este mai mică decât aceea a sabiei agresorului, altfel nici măcar nu mă simte! În general.

În cazul în care sunt persoane cu câmpuri foarte puternice, precum maeștrii de arte marțiale, puterea lor poate suplini vibrația sabiei și pot lovi destul de puternic și implicit tăia câmpurile.

În funcție de lumina ei, o sabie taie unul, două sau toate câmpurile. În funcție de numărul de câmpuri tăiate, senzația de durere pe care o are cel tăiat este mai mică sau mai mare.

Câmpurile trebuie cusute, altfel permit intrarea entităților negative, „infestarea" aurei noastre, lucru care duce inevitabil la boli.
Eram la radiestezie și un medic veterinar, coleg și prieten de-al nostru, a început să aibă probleme cu brațul drept. Cotul i s-a umflat și s-a înroșit, dar nu avea nici o acuză medicală. L-am măsurat și am descoperit că un coleg mai mare îi trăsese o sabie peste mână! Se poate măsura dimensiunea tăieturii (în centimetri), câte câmpuri are tăiate, de cât timp este făcută, cine a lovit, bărbat sau femeie, ce vârstă, cum o cheamă pe persoană etc.
La nivel de câmp, se simte ca o gaură în aură, care atrage energie și ansa. Dacă încercăm să urmărim conturul aurei cu ansa, în locul în care avem o tăietură ansa se va apropia de corpul fizic, putându-se urmări conturul tăieturii pe toată lungimea ei. Cine știe, poate că odată, cândva, vom face criminalistică PSI! (Ha!)
Cu sabia se pot tăia câmpuri, stringuri sau legături, cap, mâini, picioare, organele energetice, suflet (este un păcat mare dacă nu se face ca o îndeplinire a voii Domnului – IRVD) organe genitale.
Este o pildă a unui călugăr care a fost pus preot la o mânăstire de măicuțe. Disperat de gândurile care nu-i dădeau pace, a cerut lui Dumnezeu să-l scape cumva de chinul de a trăi în apropierea lor. Arhanghelul Mihail i-a tăiat boașele! Așadar, se poate!
Într-o iarnă călcasem pe coadă rău de tot pe cineva. M-a pândit până într-o zi când, având mulți pacienți pe vremea aceea, mi-a scăzut destul de mult vibrația și m-a lovit. Durerea a fost atât de intensă că am rămas țeapăn de spate. Îmi tăiase câmpurile la nivelul șalelor atât de rău, că la nivel astral tăietura trecuse până în față și mă lăsase și fără organe genitale. Nu erau tăiate complet, dar nu le mai simțeam. Era de Bobotează. Șansa, Dumnezeu a rânduit ca în acel moment să vină la mine la terapie o doamnă care se ocupă de bioenergie și Reiki și care mi-a ținut mâinile pe rană.
Câteva săptămâni pot spune că am fost cât se poate de cuminte și poate aș fi rămas așa dacă la un moment dat o entitate de la nivel

astral nu mi-ar fi vindecat rana. Am vrut să plec de pe pământ. Nu cred că atât din cauză că mi se tăiaseră bijuurile, cât pentru că fusesem lovit de cineva pe care îl credeam prieten şi cu care până la urmă aveam un scop comun – să-i învăţăm pe ceilalţi. În ziua aceea însă mi-a venit la cabinet o fată care mi-a adus mai multe icoane, printre care şi o poză cu părintele Arsenie Boca.

Acum, că mi-am adus aminte de el, am să povestesc ceva. Prislop este destul de departe de Bucureşti, între Hunedoara şi Haţeg, aşa că şansa să ajung acolo este destul de mică. Doar că odată a trebuit să merg la Deva cu treabă. M-am întâlnit cu cititorii de acolo şi mi-au propus să mergem la Prislop. A fost o bucurie. Nu ştiam că este la 30 de minute de Deva! Când eram student, aveam nevoie de tare mult timp ca să ajung acolo. Trebuia să iau rata, treceam astfel prin două oraşe. Cu maşina a fost mult mai uşor.

Am ajuns acolo. Mânăstirea s-a schimbat de zece ani de când nu am mai fost pe acolo. S-au construit chilii noi, dar mormântul era la fel de frumos. Îl îngrijea aceeaşi măicuţă ca acum 10 ani! I-am spus că am mai fost când eram student şi că o ajutam la cărat apa cu care uda florile de pe mormântul părintelui. Acum aveau o fântână mai aproape. Am regăsit aceeaşi bucurie cu care făceam acest lucru în studenţie. Curios. Mergeam la el când aveam probleme, stăteam lângă crucea lui, la mormânt, şi plecam cu problema lămurită şi soluţia.

Am măsurat DH-ul lui: 98! Este mai mare decât a majorităţii sfinţilor din ţară şi de afară. Mă întreb: de ce biserica nu-l sfinţeşte? Ce interese mai sunt şi aici? Eu unul pot afirma că părintele Arsenie Boca întruneşte toate condiţiile sfinţirii! De aceea îi voi spune: Sfântul Arsenie Boca.

Mai am ceva de spus despre el. Am avut momente grele în viaţa mea şi printre meditaţiile din Chi Kung se face una care te trimite în spirit în locul unde te simţi tu că te încarci. De fiecare dată mergeam la Prislop, la mormântul lui, și veneam de acolo plin de energie.

La mormântul lui a rămas deschisă poarta către cer pentru noi, oamenii păcătoși, care ne mai zbatem încă în ghearele păcatului și minciunii.

De aceea voi spune încă un mod de a face față atacurilor PSI: meditațiile la sfinți, locuri sfinte și moaște.

Meditând la el mi-a spus: „Gândește-te tu că am spus cuvinte fără spuse!" Și în minte mi-au venit cărțile lui care ascund taine pe care în mod normal nu ar fi putut să le spună ca preot ortodox. Și mi-am adus aminte că el a regretat că moare pentru că în viață poți face foarte multe pentru ceilalți. Așa am decis să rămân.

Lupta cu sabia la nivel astral se poate învăța făcând cursuri de Kendo, Iaido, Wu Shu, asta în planul fizic și pentru planul spiritual este destul de multe ori să vedem filme precum Matrix, Eroul, Tigru și Dragon sau de capă și spadă. Urmărirea lor frecventă, decelarea mișcărilor și vizualizarea ta proprie făcându-le la nivel astral te învață lupta în acel spațiu atemporal. Nu oricine poate învăța lupta în plan fizic, dar și un bolnav în cărucior, căruia i se mișcă doar ochii în cap, poate învăța lupta la nivel astral! Și poate deveni un bun luptător PSI.

Protecția împotriva săbiilor de lumină se face cu:
- scut de lumină, o formă gând care poate fi cu CK sau nu și care se deplasează condiționat unde vine să atace orice sabie;
- armura de lumină, o armură așa cum aveau cavalerii în vechime, dar care este dintr-o energie foarte densă și de vibrație foarte mare, în același timp și dură și ușoară, și care are scopul de a te proteja de loviturile de sabie. Diversele componente ale armurii se capătă în timp ca daruri pentru merite divine. Sunt astfel: coifuri, platoșe, protecții pentru mâini, braț, picioare, tibiere etc. Seamănă cu cele din icoanele ortodoxe.

Arhanghelii sau îngerii războinici ai lui Dumnezeu sunt cei care au săbii și alte arme. Se tot vorbește de iubirea divină, dar nimic despre dreptate și despre protecția legii care se face cu ajutorul acestor îngeri ai luminii. Spuneam într-un curs că să fiu eu sănătos câți oameni sunt paralizați prin spitale datorită loviturilor de sabie ale arhanghelilor. Cum se poate așa ceva, ar spune un creștin pios? Simplu, aș spune eu, avem o părere greșită despre divinitate și din cauza asta nu o înțelegem. Există o limită a răbdării divine și atunci poți fi vulnerabil, fie înaintea îngerilor fie în fața demonilor. Și când o iei, o iei...

Pe parcursul evoluției spirituale a fiecăruia dintre cei porniți pe calea luminii se poate ajunge la nivelul arhanghelilor. Sunt preoți care au ajuns să conștientizeze că se pot folosi de ei, sunt radiesteziști care știu asta și sunt maeștri Reiki. Or mai fi și alții... Arhanghelii fac voia celui care îi are în subordine și atunci pot lovi la voința lui un individ, de aceea este necesar să știm să ne apărăm și de arhangheli.

Există multe sisteme care conectează la tainele arhanghelilor, pentru că fiecare maestru a primit la un moment dat informații pe care le-a scris în ceea ce avea să devină propriul sistem. Astfel avem Rama, din Karuna Reiki, care permite deschiderea dimensiunii până la Arhanghelul Mihail. El apare odată cu desenarea simbolului și împlinește voința divină în acel loc.

Se poate folosi în protecția personală, a camerei sau a automobilului prin desenarea simbolului pe noi, pe botul mașinii sau în colțurile camerei.

Există inițieri precum Shambala Reiki unde prin inițiere se dă acces la coloana de lumină a Arhanghelului Mihail.

Inițierile Reiki ca formă de protecție

De foarte multe ori am folosit inițierile Reiki, din diverse sisteme, în momente de atac PSI, fie asupra mea, fie când a fost vorba de alții. În general, pentru oamenii care au probleme frecvente de magie este cel mai bine. Fiecare inițiere crește protecția divină prin numărul de ghizi pe care îi aduce, plus că se învață metode de protecție. Printre cazurile pe care le-am avut a fost cel al unei femei căreia soacra îi spusese în față că o să o omoare. Era plină de argint viu, AV, motiv pentru care făcea lichid de ascită! Se ducea la urgență și i-l scoteau, până s-au plictisit medicii. Am curățat-o de nenumărate ori până când, văzând că nu fac decât să muncesc în van, i-am făcut inițieri. Problema ei nu s-a rezolvat 100%, dar trăiește și i se mai întâmplă doar după ce face soacră-sa prostii să se mai umfle, apoi revine la normal.

În ceea ce mă privește pe mine. A fost un moment critic în viața mea când inițierile m-au ajutat mult. De multe ori, inițierile făcute de mai mulți maeștri odată au rezultate remarcabile și în boli considerate netratabile, cu atât mai mult în atacuri psihice. Ideea este că se pune astfel omul respectiv sub protecția a mai mulți maeștri.

Asta este până la urmă menirea unui terapeut bun: să protejeze pe omul respectiv de răul reprezentat de boală sau de un agresor care îl atacă PSI până ce își ia lecția de viață.

Coloana de lumină a Arhanghelului Mihail

Apare în sistemul Shambala Reiki și reprezintă o lumină care înfășoară pe cel care o cere:

> *Sfinte Arhanghele Mihail, dă-mi te rog coloana ta de lumină pe parcursul acestei acțiuni!*

Este un sistem de protecție bun împotriva săbiilor de lumină, împotriva demonilor, de aceea se folosește în exorcizări și curățări de case, protecția unui spațiu în momentul terapiei și într-o luptă PSI la nivel astral.

În disputele mele cu diverse sisteme, fie că era vorba de biserica ortodoxă sau de radiestezie, când atacul este dat de mai multe spirite cu săbii, nu prea mai poți să te aperi sau să te coși, iar una dintre soluțiile salvatoare, pentru că nu pot pătrunde săbiile prin ea, este această coloană. Ba mai poate ajuta și la refacerea câmpurilor care au fost deja tăiate.

Se spune că această coloană poate fi folosită numai de cel care este inițiat pe ea și numai pentru el însuși și nu pentru ceilalți sau pentru un obiect. Încercați și verificați asta.

Folosirea arhanghelilor este multiplă. Pentru protecția camerei în care dormim împotriva duhurilor necurate, DN-urilor, se pun în cele patru colțuri cu intenția protecției pe timpul nopții sau când dorim.

Pentru protejarea ușilor, intrărilor de orice fel, a culoarelor, granițelor, orice.

Pentru protecția calculatoarelor se lasă un arhanghel să îl protejeze. Acesta se postează pur și simplu peste el nepermițând unei energii sau entități să-l afecteze.

Și, sper să nu mă repet, nici un vrăjitor nu rezistă în fața săbiilor unui arhanghel care are putere.

Când cineva trimite însă un arhanghel ca să te împiedice să faci ceva, să scrii sau să faci altceva, nu ai decât să învingi arhanghelul respectiv sau să-l învingi pe cel care l-a trimis. Ori, cel mai bine, să ceri judecată divină.

Arhanghelii și săbiile de lumină pot fi folosite în lupta cu duhurile necurate pentru învingerea cărora este necesar să li se taie capul.

Eram la Cernica și venise la părintele un băiat posedat. Cum aveam grijă de cei care veneau acolo, după slujbă ne-am dus la vecernie. În semiîntunericul bisericii, în apropierea moaștelor Sfântului Calinic, cum stăteam în genunchi în spatele băiatului care la rândul lui stătea îngenuncheat, cu capul plecat în pământ, am văzut în astral un demon îngenuncheat și lângă el un arhanghel cu sabia de lumină ridicată. A lovit și capul demonului s-a rostogolit pe podeaua bisericii.

După slujbă, ne-am întors la chilia părintelui unde băiatul a povestit exact ceea ce văzusem și eu. Era prima exorcizare pe care o urmărisem la nivel astral.

Tot pentru lupta cu mai mulți, când ești atacat cu săbii de lumină și chiar nu poți coase nenumărate tăieturi, se mai poate folosi simbolul Zonar din Karuna și Halu care conectează la arhanghelii Gabriel și Rafail. Rafail este arhanghel vindecător. Este mai marele îngerilor vindecători din univers! Există chiar un acatist al lui în ortodoxie, care se poate citi pentru potențarea simbolului și evident pentru creșterea ajutorului pe care ni-l poate da Arhanghelul Rafail sau orice alt înger subordonat lui.

Repet că îngerii nu au putere de la ei, o primesc de la Dumnezeu la cererea noastră. Cu cât te rogi și postești mai mult, tu sau alții pentru tine, cu atât puterea pe care o au aceștia este mai mare și te pot ajuta mai mult. Psaltirea crește puterea lor deoarece ea este sabia călugărului. Părintele Dosoftei de la Ciorogârla spunea că prin călugăr se înțelege înțelept!

Fiind mai marele vindecătorilor, Rafail poate prelua sarcina de a-ți repara câmpurile de tăieturile săbiilor.

Clopotul lui Buddha

Pe mine nu mă interesează biserica ortodoxă. Eu nu confund pe Dumnezeu cu religiile lumii și nu am să mă închin niciodată oamenilor, fie ei chiar preoți. Mă închin lui Dumnezeu, Arhitectului și Constructorului Universului, Maicii, Fiului, Duhului Sfânt.

Ierarhiile cerești le vom vedea când vom fi acolo.

Și atunci mă folosesc de toți maeștrii ascensionați, care prin ceea ce au făcut au adus un plus de lumină și bunătate lumii. Prefer un budist care își vede de drumul lui unui creștin care ucide pentru Hristos!

Prin inițiere pe sistemul Lightarian (există Institutul Lightarian din Canada) am primit accesul la spiritul lui Buddha, care mi-a oferit acest clopot de energie care nu este penetrabil de către atacurile malefice. Se cere pur și simplu:

Buddha, dă-mi te rog clopotul tău de lumină!

Clopotul bisericii
În timpul slujbei dintr-o biserică poți să te așezi exact sub turla bisericii și să-ți imaginezi că apuci cu ambele mâini de cupola bisericii și că ți-o tragi peste cap.

Folosirea sferei lui Melchisedec pentru protecție, curățare și atac
Ordinul lui Melchisedec, unul dintre cele mai vechi din istoria omeniri, este alături de Marea Frăție Albă un avangardist în lupta pentru Bine, pentru emanciparea omului și pentru evoluția spirituală a omenirii. Melchisedec, unul dintre proorocii Vechiului Testament, este reprezentat în bisericile ortodoxe ținând în mâini pâinea și vinul. Se spune că este una dintre încarnările Fiului lui Dumnezeu, care s-a coborât de mai multe ori pe pământ pentru a ajuta omenirea de-a lungul istoriei.

Problema cu sfera lui Melchisedec este că ea nu poate fi folosită oricând în terapie, protecție sau atac.

Flacăra argintiu violetă
Din Shambala Reiki se folosește invocarea lui Saint-Germain:

Saint-Germain, dă-mi te rog flacăra ta argintiu violetă pentru acțiunea pe care vreau s-o întreprind!
Sunt al flăcării argintii violete cu toată ființa mea, sunt puritatea pe care Dumnezeu o dorește!
Invoc energia Mahatma, a Shambalei și a Conștiinței Cristice pentru a mă curăța și apăra de tot ceea ce este negativ și malefic și

care mă împiedică să-mi îndeplinesc menirea pe care Dumnezeeu mi-a hotărât-o încă dinainte de a mă naște!

Stâlpul de lumină

Se face o meditație prin care se vizualizează Duhul Sfânt, Sursa de Lumină Universală, și se cere de la Dumnezeu acces la Ea. Se aduce lumina prin chakra coroanei, prin canalul guvernor în jos, prin fiecare chakra, prin picioare, prin chakra de sub picioare, numită steaua pământului, până în centrul pământului, unde se află flacăra argintiu violetă a pământului. Sufletul pământului. Pentru că planeta noastră este un spirit viu, Maica Geea, al cărei suflet este reprezentat de această flacără. Conectăm această energie la flacără, luăm energie violetă de jos și o aducem înapoi prin chakrele picioarelor, prin Ida și Pingala, le unim în al treilea ochi, apoi o urcăm pentru a o duce înapoi la Duhul Sfânt. Astfel am ajuns stâlp de lumină.

O parte din lumina care vine de la Duhul o ducem în pământ la flacăra argintiu violetă și o alta o întoarcem la nivelul micului bazin, care începe să se umple până ce devenim un ulcior plin cu Lumină de la Duhul Sfânt. Putem vizualiza cum ne umplem, cum se curăță organele interne și bolile dispar.

Se poate completa cu circuitul invers sau cu micul circuit din Chi Kung.

Sferele ROGVAIV

Suntem conectați la Duhul Sfânt, sau Sursa de Lumină Universală. Ne imaginăm că de jur împrejur ne înconjoară o sferă de culoare alb argintie în care intrăm cu totul.

În ea ne imaginăm o sferă de culoare violet care ne împresoară. În aceasta ne imaginăm o sferă de culoare indigo care ne împresoară. În aceasta ne imaginăm o sferă de culoare albastră de jur împrejur.

În ea o sferă de culoare verde.
Apoi una de culoare galbenă.
Alta de culoare oranj.
Și ultima de culoare roșie.

Sferele rotative

Ne imaginăm cum se unesc chakrele I-VII cu o bandă albă care se lățește formând o sferă de jur împrejurul nostru. Această sferă se rotește în sensul în care dorim în timp ce se umple cu lumina de la Duhul Sfânt și elimină prin centrifugare orice energie malefică, orice program sau algoritm malefic din interiorul nostru.

Unim apoi chakrele II-VI și facem iar o sferă care ne înconjoară, dar care se rotește în sens opus aruncând afară din noi tot ce este negativ.

Apoi III-V și care se rotește în sens invers ultimei.

În chakra a IV-a, cea a inimii facem o cruce tridimensională în care ne vedem pe noi înșine și sufletul nostru.

Unirea celor trei centri de forță – sfera de lumină

Este pasul ultim, cred eu, al unui om, momentul în care acesta se transformă în sferă de lumină și redevine ceea ce trebuia să fie: parte din Lumina lui Dumnezeu.

Ne imaginăm un ax aflat în centrul corpului nostru. Pe acest ax sunt trei sfere de lumină situate la cele trei niveluri ale unui om, micul bazin, inima și capul. Fiecare corespunde unui anumit centru de putere. Cu lumină de Sus culisăm cele două sfere din cap și micul bazin spre cea din inimă și le unim pe toate trei. Devenim o sferă de lumină care, în funcție de chakra în dreptul căreia se află, va emite pe frecvența respectivă. În această sferă de lumină dizolvăm tot, șarpele nostru kundalini, sufletul nostru. Tot ceea ce ne reprezintă. În momentul în care un om devine sferă de lumină, nimic nu îl poate atinge. Nici demonii, nici farmecele, nici săbiile de lumină, dar nici legăturile altora.

În lupta cu vrăjitorii este bine să cunoști câteva lucruri care îți permit să rămâi în viață. Unul dintre ele este că trecerea prin păduri, peste o apă sau urcatul unui munte sunt ideale pentru tăierea legăturilor! Asta a fost o constatare personală de-a lungul timpului. Nu este o dovadă de lașitate. Repet: „Trăiește azi ca să poți lupta mâine!"

La un moment dat treceam printr-o perioadă grea a vieții mele. Am plecat cu prietena mea de atunci la munte. Eram la Brașov și, când să urcăm pe Tâmpa, în autobuzul care ne-a dus până aproape de poale s-a urcat o țigancă. Cert este că, după ce am coborât, eram plini de de toate: argint viu, demoni, legături. Cred că ne simțise și ne „urâse" de bine! Pe cărarea care urca aveam impresia că nu mai ajungem, că nu mai știm care este susul și josul. Pe la jumătatea drumului însă, tot ce aveam în noi a început să se lase în jos, în corpul nostru, pentru a scădea pe măsură ce ne apropiam de vârf. Când am ajuns sus, până și legăturile pe care le aveam din București le vedeam altfel, mai depărtate, mai mici și mai estompate. Nu s-au rupt atunci, dar am putut să ne încărcăm bateriile pentru a ne întoarce cu forțe proaspete și am înțeles că, din când în când, este bine să pleci ca să poți să rămâi!

Urina și baia de sare

Se pregătește cada ca pentru baie, se pun trei patru pumni de sare grunjoasă de murături. Omul se spală, apoi face pipi în lăturile acelea și bagă inclusiv capul. Se clătește cu apă curată de sus până jos, se usucă, apoi își face cruce cu mir sau cu ulei de maslu pe piept, gât, frunte, creștet, ceafă spate. Și se dă și cu agheazmă mare tot așa.

Este una dintre cele mai rapide și eficiente forme de dezlegare de magie. De multe ori îți permite să-ți păstrezi mintea întreagă într-un adevărat război PSI.

Deturnarea unui atac PSI

De multe ori se poate schimba sensul unui atac PSI. Trebuie reținut că totul este energie, că numai noi avem senzația de imuabil, de bine-rău, de lumină-întuneric. În realitate, cine știe poate schimba întunericul în lumină și invers. O modalitate de a schimba asta este prin folosirea următoarei binecuvântări:

> *Binecuvântez și numesc succes această situație în numele Tatălui și a Fiului și a Sfântului Duh, Amin.*

Să spunem că cineva încearcă să mă denigreze. Atunci spun acest algoritm și tot ceea ce face acel individ pentru a mă compromite sau distruge mi se transformă automat în bine! Cool! Super, super cool!

Meditația în mișcare din Reiki, gradul III este un alt tip de curățare și încărcare energetică. (Vezi *Reiki – între mit și realitate.*)

Folosirea casetelor și CD-urilor pentru protecție

Este cel mai ușor lucru care se poate face. Orice înregistrare păstrează din energia celui care a făcut-o și din mesajul pe care îl transmite.

Înregistrările cu psalmi, rugăciuni ortodoxe, precum Liturghia, au putere ele însele asupra entităților negative. Simpla lor derulare face ca în zona respectivă să se deschidă porți spre cer, care curăță locul și implicit pe cei care se află acolo. Dacă muzica de proastă factură conectează la anticeruri și deschide poarta spre demoni, muzica bună, inspirată de îngeri, deschide porțile spre cer. Astfel, un loc unde se ascultă numai muzică de calitate își va crește vibrația și proprietățile spirituale. Pot spune că, deși relațiile mele cu comandorul Claudian Dumitriu nu sunt cele mai cordiale, CD-ul lui cu psalmi și cu rugăciunea de început, concentrarea, este unul cu vibrația cea mai mare. Eu îl folosesc când este vorba să cresc vibrația unui loc sau să curăț cabinetul.

Atacul ca formă de apărare
Lupta prin corzile de atac

Este foarte importantă pentru că o coardă prin care suntem atacați poartă informația și duce la cel care atacă. Deci ea este primul pas spre atacator! Ceea ce este mai important este să nu pierzi timpul. Sufletul spune întotdeauna cât de gravă este situația. Cu ceva timp în urmă, contraatacam direct, apoi am început să măsor dacă am voie. De multe ori am ceva de plătit și din cauza asta permite Dumnezeu să o pățesc. Așa că, dacă mi se întâmplă să fiu atacat, nici nu-l mai caut pe atacator. Doar îmi iau papara și îmi refac structurile în măsura în care pot. Dar sunt și momente când mi se îngăduie să folosesc tot ce știu. Îmi plac. În general soluția este să te micșorezi la dimensiunile spirituale ale corzii și să o privești ca pe o poartă spre cel care te-a atacat. De aici, la a trimite lumină informată, arhangheli, bile de lumină sau din spiritele de pământ, apă, aer, foc, este doar un pas.

Bolile ca formă de apărare

Poate că nu sună prea creștinește, dar sunt oameni care cu greu se pot numi oameni, care pentru bani ar omorî-o pe mă-sa și pe care nu merită să-i protejezi în vreun fel. Despre ei vorbesc.

Am folosit, este adevărat, spiritele bolilor, precum cancerele, lupus, leucemii, în a contraataca pe cineva. Este clar că nu a fost corect. Dar cine i-a pus?... În orice caz, nu a murit nimeni din cauza asta, dar au simțit cum este. Repet: nu vreu decât să-mi văd de viața mea! Dacă intră cineva pe tarlaua mea și dă de un câine de pază, care este vina mea? Ca să poți să le folosești, trebuie mai întâi să poți să le tratezi. A trata o boală presupune să poți să-i învingi spiritul bolii. De aici la a o folosi este numai un pas. Încerc totuși să mă mențin în limitele Voii Divine! Dacă poți trata un cancer, să învingi entitățile care îl produc, sau o leucemie, lupusul, atunci poți trimite acele entități malefice unde vrei.

Protecție prin Reiki

Spuneam că Reiki este cel mai frumos sistem îngăduit de Dumnezeu, care permite vindecarea oricui, indiferent de religie, naționalitate, apartenență politică și sex. Este un sistem inspirat prin arhanghelul Rafail, mai marele îngerilor vindecători din cer și din Univers. Printre modalitățile de protecție din Reiki sunt:

Șarpele de Foc, care corespunde unei energii care preia șerpii dintr-un atac PSI și-i duce unde este voia Lui Dumnezeu, și Dragonul, care presupune un nivel spiritual ce recunoaște creșterea maestrului respectiv până la o putere ce-i permite trecerea peste un demon de dimensiunea unei legiuni și care are capacitatea de a transforma răul trimis prin actul magic respectiv în binele spiritual al celui atacat.

Simbolurile Reiki

Eram la un moment dat la o dezbatere unde participau mai mulți maeștri Reiki. Am spus că voi scrie despre grilele de cristale și folosirea lor abuzivă de către unii maeștri Reiki sau alți inițiați. Una dintre maestrele participante a considerat necesar să-mi aplice un simbol pe chakra celui de-al treilea ochi! Mi-a luat maul pe moment! Am reușit să anihilez energia acelui simbol și am răspuns puțin mai dur. Mie, dacă cineva îmi face un simbol, îi dau o sabie în cap. Conform justiției divine am dreptul să îmi apăr trupul și ideile pentru care eu plătesc până la urmă dacă sunt greșite. Există de asemenea un nivel spiritual, cel de maestru, unde nu se mai ține cont că ești femeie sau bărbat, așa că nu-mi pare rău. Măcar să fi învățat ceva din asta. Eu unul repet tuturor celor pe care îi învăț că nu au voie să facă simboluri pe nici un alt semen fără acordul lor, iar cine face plătește.

Prin Reiki se folsesc simbolurile Cho Ku Rei (CKR) în fața porții, a ușii, chiar a ferestrelor, apoi în interiorul casei, pe pereții din camere, pe tavan, pe podea. Sei He Ki la fel. Apoi Dai Ko Mio în mijlocul camerei.

Karuna permite folosirea arhanghelilor în colțurile camerei, în fața ușii, în curți, prin simbolul Rama.

Prin Zonar, se conectează casa la energia arhanghelului Rafail care, fiind cel mai mare dintre îngerii vindecători, are la dispoziție mai multe arme și poate să dezlege cu voia lui Dumnezeu tot ceea ce înseamnă legături, farmece, făcături și blesteme.

Prin simbolul Harth făcut în centrul camerei, care conectează la energiile Maicii Domnului, se poate pune casa sub protecția Ei, a Dumnezeului Mamă.

Coranul

La ilahe ila Alahu, uahdehu, la șerike leh, lehul mulku, ua lehul hamdu, ua Lehul hamdu, ue hua ala kuli șei in Kadir.

Ținând cont că este inspirat de la Duhul Sfânt, Coranul are putere divină. În momentul în care nu știam ce aș mai putea să fac să mă apăr de preoții mult prea săraci cu duhul ca să mă înțeleagă, citeam din el. Simpla citire face să apară spiritele de lumină corespunzătoare care intervin în protecția noastră.

Protecția calculatorului

Protecția computerului se poate face cu simboluri, desenate pe el, cu icoane, de asemenea puse în jurul lui sau pe el. Sau având pe ecran tot timpul icoana unui sfânt sau a unui loc deosebit. În general, se folosesc toate, simultan. Se mai folosesc și cartele magnetice sau bobine care creează câmpuri de protecție pentru ele. Cea mai bună protecție a calculatorului ți-o dă un înger de pază care să-l ia în brațe și să anihileze orice atac PSI asupra lui, un arhanghel!

Obturarea chakrelor

Protecția împotriva grupurilor de persoane sau a indivizilor care emit energie cu care atacă se poate face prin obturarea chakrelor acestor indivizi. Spuneam că sunt oameni care emit pe chakre energie pe care o informează cu diverse programe. Soluția este să faci niște bile de energie cu vibrație superioară individului care emite și să le trimiți pe chakrele lui ca să i le blochezi pentru a opri emisia.

Crucea ca simbol de protecție și dezlegare

Am avut momente în care nimic din ceea ce am făcut nu mergea din tot ceea ce știam. Cel mai mult mă deranjau niște legături pe cap, pe chakra a VII-a, care nu-mi permiteau să fac nimic. Încercasem orice, dar degeaba. În general sunt puțini care pot acționa la nivelul acestei chakre. Ei sunt ori episcopi, ori grade mari de la radiestezie. M-am așezat frumos, ca să aflu ce se întâmplă. Am desoperit pe cei care doreau să mă lege astfel și care aveau o vibrație mare. Anihilarea corzilor o făceam cu ajutorul crucii făcute pe secțiunea corzii.

Vând un pont pentru cei care doresc cu adevărat cunoașterea:

Crucea leagă, crucea dezleagă, crucea închide, crucea deschide, cine nu are cruce să nu treacă peste cruce!

Din păcate, sunt preoți, episcopi care folosesc simbolul crucii în scopurile lor proprii. Ei știu puterea crucii și cum să o folosească, dar nu învață pe nimeni despre asta.

Eu unul pot spune că sunt puțini preoți, din ce în ce mai puțini, pe care îi accept să-mi pună crucea pe frunte. Și mi-o pun singur.

Crucea este locul unde se așează „Duhul Sfânt de la Domnul Dumnezeu cel care a făcut cerul și pământul!"

Crucea radiestezică

Se folosește la curățare, la dezlegarea de farmece, la contracararea energiilor negative care vin ca un val.

Se coboară mâinile de sus în jos pe două linii paralele în timp ce se rotesc palmele cu degetele în sens levogir (spre stânga) apoi tot cu ele se formează semnul crucii.

Crucea dublă

Trebuie să recunosc că m-am inspirat din slujbele ortodoxe la care am văzut episcopii făcând crucea cu ajutorul celor cinci lumânări. Doar că, ducându-mă încărcat negativ la unii, am simțit că au putere asupra răului, iar la alții am simțit un dispreț deosebit al răului față de ei. Eu sunt genul care verific. Eram curios să văd ce pot face unii dintre episcopi.

Crucea dublă se face la început ca și crucea radiestezică, dar, la întoarcere, fiecare palmă se duce spre partea ei apoi se petrec una peste cealaltă în sensul opus de trei ori. Nu o suportă răul. Demonii.

Sporul casei

Se dau o pâine și trei monede la șapte cerșetori să spună bogdaproste; se pun câte șapte monede la trei biserici la cutia milei spunând: „Doamne dăruiește-mi sănătate, pace, spor și binecuvântări în viitor." Este ritualul pe care îl dă un preot enoriașilor.

Trebuie să se înțeleagă ceva simplu: Dumnezeu face și săracii și bogații. Fiecare are din acest punct de vedere o sumă de bani pe zi care îi este îngăduită prin drept divin. În momentul în care treci peste această sumă apar pierderile, bolile, dările la doctori și popi. A ști unde să te încadrezi din punct de vedere material te ferește și de dorința de a avea mai mult, dar și de necazurile pierderilor. „Baierele belșugului le ține Dumnezeu!" Și mai spun ceva: există o energie a banilor, un chi care trebuie să curgă într-un anume mod ca să poți pune ban pe ban. Oprirea lui, spasmele financiare dintre cheltuieli, împrumuturi, investiții duc la ruperea echilibrului și pierderea creșterilor financiare firești.

Încă un lucru. Nu s-a înțeles un fapt simplu pe care îl fac evreii. Acel 10% pe care îl dau din profit. Sincer, nu cred că Dumnezeu are nevoie de banii mei și de aceea eu unul încerc să fac altceva pentru El. Dar asta este problema mea. Cert este că românul spune despre evrei că sunt zgârciți. Poate că este adevărat. Dar adevărul este că românul este și mai și. Sunt mulți care vin la mine să-i ajut. Le spun cum trebuie să facă într-o afacere. Dar li se pare prea mult și apoi se întreabă de ce pierd. Este adevărat că, dacă ai o afacere de 100 000 de euro, ți se cam rupe sufletul să dai pentru Dumnezeu 10 000! De aceea, eu unul nu-i sprijin pe oamenii de afaceri români. Dacă ai putea să le rezolvi problemele financiare într-o ședință de 35 de RON, ar fi cei mai fericiți. A nu se înțelege că sunt consultant pentru străini! Dar, pentru prețul corect, cu acordul lui Dumnezeu, poate că aș face-o.

Protecția casei

Protecția casei are ca obiectiv îndepărtarea a tot ceea ce înseamnă negativ pentru o persoană, familie sau firmă. Poate fi vorba de entități, oameni sau animale. Există multe posibilități de a folosi cunoașterea în acest scop.

Molitfele Sf. Vasile cel Mare și Ioan Gură de Aur pot fi folosite pentru a îndepărta spiritele malefice de o casă, dar mai ales pentru invocarea ajutorului divin și, implicit, a îngerilor. Și tot așa sunt o mulțime de metode de protecție.

Sexul în protecția PSI

Oricât de ciudat ar părea, sexul, mai ales dacă știi ce să faci cu el, este esențial în lupta PSI. Ciudat este că în unele cazuri face bine abstinența, în altele orgasmul și implicit ejacularea.

Pentru început trebuie să lămurim câteva aspecte ale energiei. Energia sexuală corespunde chakrelor I-a, a II-a și a celor de sub acestea. Mai sunt să zicem 7 anticeruri în jos. Energia care vine de mai de jos produce o erecție mai puternică. Este unul dintre motivele pentru care bărbații mai închiși la culoare, țiganii, negrii, sunt din punct de vedere sexual superiori celorlalți. În general practicanții de arte marțiale, boxerii care sunt deschiși către aceste energii sunt mult mai potenți decât restul bărbaților. Nu mai vorbim că folosirea luminii în viața de zi cu zi te lasă ca bărbat cu dânsa baltă.

Ca terapeut este greu să-ți păstrezi limita vibrației astfel ca sexualitatea să îți permită practicarea terapiei și terapia practicarea sexului.

Abstinența sau continența fac ca acest câmp specific sexului să crească. De fapt, crește energia internă a sinelui. Trebuie să mărturisesc că din punctul acesta de vedere am fost mult timp cam nesimțit. Mă gândeam că energia Universului este infinită, așa că nu trebuia să o păstrez pe cea sexuală în mine.

Mai târziu am realizat că puteam să o folosesc și la altceva când am început pregătirile pentru hard Chi Kung. Este cel folosit de călugării shaolin la spart cărămizi și pietre pe cap cu barosul!

Cum este regulă ca în timpul pregătirii să nu faci sex, am stat pe bară ceva timp. Peste 40 de zile, cred. În această perioadă de abstinență, am descoperit că energia internă crește – în sport, arte marțiale, terapie totul era mai bine. Ca să nu am probleme cu dorințele sexuale, sublimam energia sexuală făcând stâlpul de lumină. Cu ocazia asta am reușit să mai cresc energia internă a rinichilor, căzută de proasta gestionare a ei în timp. Pentru că, prin orgasm, principala energie care se pierde este aceea a rinichilor, care are multiple însușiri și întrebuințări. De ea depinde duritatea oaselor, de aceea este importantă în artele marțiale. Odată cu creșterea celui de-al doilea câmp prin abstinență, cresc toate celelalte câmpuri. Lumina lui poate fi controlată prin alimentație. Scoaterea cărnii din dietă și postul o cresc.

În cazul în care se inoculează programe malefice la nivel subliminal, unul dintre cele mai bune moduri de elimiare este sexul și, în final, orgasmul. Este adevărat că prin sublimarea în lumină a energiei sexuale se scapă inclusiv de programele malefice induse, astfel că sexul nu este neapărat necesar ca să scapi de o problemă de magie. Asta pentru cei care practică continența (yoghinii) sau abstinența (călugării).

Ca să fac o precizare celor care mi-au citit scrierile. Se pierd inițieri în momentul sexului oral de cel căruia i se face și care are orgasm în acest fel. Nu de cel care face. Se poate evita asta de către beneficiarul artificiului sexual? Da.

Sexul mai are o întrebuințare. În timpul actului sexual se eliberează substanțe morfin like, astfel încât durerile cauzate de un atac PSI pot fi scăzute ca intensitate.

Dacă nu sex, ținând cont că de multe ori ceea ce omoară este durerea, se pot folosi medicamentele. Astfel, de multe ori o durere cardiacă produsă prin atac PSI poate trece cu o fiolă de calciu!

Cristalele în protecția PSI

Spuneam despre cristale că posedă anumite calități care le fac utile în protecția PSI. Acestea sunt:

Capacitatea de a înmagazina, amplifica și transmite energie la distanță. În funcție de calitățile lor, ele pot fi folosite în diverse situații: cristalul de cuarț roz l-am folosit în anihilarea programelor implementate spiritelor focului, salamandrelor; cristalul de cuarț fumuriu are capacitatea de a prelua chi-ul greu, te descarcă de energii negative; la fel cristalul de cuarț mov; ametistul se folosește în terapie și automat la îndepărtarea energiilor reziduale unui atac PSI; cristalul de cuarț galben, citrinul, conectează la energii de vibrație superioară care permit reîncărcarea cu lumină; obsidianul are, poate mai mult decât oricare alt cristal, capacitatea de a prelua energii negative. La un moment dat, am ajuns la un prieten de al meu după un antrenament destul de dur la sala de Wu Shu Santa. Mai exact antrenament de ring și sac. Cum eram negru cu N mare, el m-a luat în camera lui cu cristale și m-a pus să țin în mână o sferă de obsidian. În câteva minute, cât am stat de vorbă, am simțit cum sfera trage din mine tot ce era negativ! M-a lăsat de parcă fusesem la Nufărul. Este adevărat că amicul meu avea mai multe cristale și că le curăța și încărca periodic. Asta nu scade cu nimic puterea pietrelor, care sunt de fapt ființe vii, sublumi, unele cu dorința de a ne ajuta.

Și evident că grilele de cristal au altă putere, că a avea în spate cristale în ceea ce faci îți crește câmpurile și, așadar, puterea. Un simplu cristal baghetă poate să-ți crească puterea energetică de sute de ori. Pentru cine este pe cale, nu este un ajutor de neglijat. Cu grile se pot contracara alte grile, emisii de aparate sau ale altor oameni. Se opun puterii grilei și energiei emise de atacator. În ceea ce privește grilele de cristale, cel mai important este să ai intuiție. Ele nu stau decât unde doresc, la cine doresc și cât doresc.

Conul de lumină

Se fac 33 de cercuri imaginare în sensul invers acelor de ceasornic de jur împrejurul casei în care locuiești. Vârful conului se racordează la Sursa de Lumină Universală. Numărul reprezintă anii pe care Mântuitorul i-a petrecut pe pământ. În interiorul conului, lumina va curge continuu, spălând tot ce este negativ.

Lucram la vila unui patron. Punctul nostru de pază era o casă cu trei camere, două jos și două la mansardă. La un moment dat, în fața porții oprește în trombă o mașină de teren. Mă duc să văd despre ce este vorba și din mașină coboară o femeie care îmi spune că a venit să-l vadă pe șefu'. O întreb dacă este anunțată, moment în care se enervează. Era neagră de răul pe care îl avea în ea. Conul era programat ca nimeni să nu poată intra la șeful cu demonii în el, special pentru ca să fie mai ușor de descoperit intențiile oamenilor respectivi.

Capra aia bătrână se enervează și pleacă în trombă, supărată că nu putuse să intre cu toată încercarea ei de a ne manipula mental pe noi, cei de la pază. Evident că a făcut scandal. M-a sunat șeful țipând la mine că mi-am permis să o opresc pe soția nu știu cărui demnitar cu nume de planetă! Conflictul a fost aplanat în cele din urmă de șeful de obiectiv.

Peste niște ani, a venit la mine o doamnă cu probleme. Am descoperit că avea o prietenă care-i făcea farmece pe diverse energii. Îmi enumeră niște nume și o descopăr. Aflu cu stupoare că era aceeași femeie cu care mă întâlnisem pe când eram gardă de corp! Ea era și mai uimită. Mai ales când i-am spus că soțul acelei doamne era folosit pe post de măgăruș și că își ținea demonii în el. O credea un martir care accepta escapadele soțului ei, care țineau zile întregi, pe care îl reprimea acasă punându-i de mâncare în farfurie!

Apropo de conul de lumină: la un moment dat, imediat după alegeri, am vrut să fac o protecție Casei Poporului. Și am făcut acest con. Mă rog, am făcut mai multe, nu numai conul, în speranța că se mai liniștesc lucrurile și mergem și noi mai departe. De la îngeri la spații care să scoată la iveală intențiile ascunse și malefice care se ascund în spatele afirmațiilor celor de acolo.

Nu a durat trei zile și, cum condiționasem ca atacurile PSI care vin pe Casa Poporului să ajungă la mine, într-o seară am luat-o. Merg pe firul apei și ajung în apropiere de InterContinental unde un grup emitea încercând să influențeze alegerile de miniștri. I-am lovit. Culmea este că dintre ei erau moldoveni de dincolo de Prut și ruși. Vorbeau limba moldovenească! Apropo de asta este cât se poate de elocvent cum au putut rușii să pună mintea pe bigudiuri unui număr atât de mare de români de dincolo de Prut astfel încât aceștia să poată afirma că ei nu vorbesc românește, ci moldovenește!

A trecut seara respectivă și, târziu în noapte, a început să mi se facă rău. Din ce în ce mai rău. Sunt călit, așa că nu mă plâng ca o babă. Dar, la un moment dat, când am avut senzația iminentă a sfârșitului, am trezit-o pe prietena mea. S-a trezit și mi-a spus că sunt băgat într-o incintă energetică și că Sinele meu îl băgaseră într-o formă unde se întărea beton! Atunci a venit la nivel spiritual Mihai, băiatul nostru care a murit, și mi-a spus că mă poate ajuta. M-a scos de acolo. M-am reparat cu greu și apoi i-am lovit pe acei indivizi cu tot ceea ce știam.

Nici măcar nu o făceam cu ură. Ci cu dreptate!

A doua zi trebuia să mergem la mormântul micuțului. Se împlineau 6 luni de când se întorsese la cer. Sincer, nu cred că avea nevoie de ceea ce îi făceam noi. Și asta pentru simplu motiv că știam și cine fusese înainte de naștere, înainte cu o viață.

Mergeam împreună cu preotul în mașina lui și pe drum i-am povestit cum avusesem senzația morții. În acel moment în care mi se părea că îmi iese sufletul pe gură, regretam doar că nu sunt spovedit și că mor așa, pierzându-mi posibilitatea mântuirii. Am făcut destule în viața asta, așa că, vreau nu vreau, va veni și timpul plății. Deși încerc să nu am datorii mari, tot greșesc.

Sincer, în acel moment, mi se părea atât de serios totul. Și posibilitatea de a muri și aceea de a nu mă mai mântui. Poți să îți pierzi viața, dar nu și sufletul. Plus că de abia așteaptă să mă agațe băieții negri după tot ce le-am făcut. Demonii nu știu ce este mila nici cu oamenii simpli, d-apoi cu unul ca mine, care nu numai că i-am blestemat, bătut, tăiat, umilit chiar. Doar că atunci mi-a picat o fisă:

— Părinte, dacă mă omoară cineva, nu-mi preia toate păcatele?

La care părintele, care până atunci rămăsese gânditor, îmi spune răsuflând ușurat:

— Știi că ai dreptate?! Așa este!...

Parcă mi s-a luat o piatră de pe suflet. Așa că, de acum pot să mă bag în orice. Cine mă omoară, chiar și PSI, mă absolvă de greșelile mele de pe pământ. Cool, nu! O problemă am rezolvat-o.

Icoanele

La mai mulți oameni care se ocupau de spiritualitate și mai exact de îndrumat oamenii, de dezlegări, de farmece și magie, am observat că aveau camera în care dormeau plină de icoane. Erau puse zeci, dacă nu sute, una lângă cealaltă, fără să lase nici un spațiu între ele. Inițial, credeam că este o exagerare din partea lor. Mi se părea prea mult. La un moment dat însă, am văzut că părintele Argatu nu era atent decât la ușă când se punea problema răului, a duhurilor necurate.

Am oservat apoi că, la nivel astral, pe locul unde este icoana apare figura sfântului respectiv, a Mântuitorului și a entităților de lumină care apar pictate pe ele. Apare ca un alt zid energetic care este format din cărămizi energetice de diferite nuanțe, funcție de lumina și vibrația sfinților pictați.

Pe acolo nu pot intra demonii și foarte greu pot pătrunde vrăjitorii, așa că erau mult mai protejați cei care aveau icoanele pe pereți. Se crea un spațiu sfânt prin sfințenia icoanelor de pe pereți.

Un alt mod de a te apăra este aprinderea de candele. Fiecare candelă este străjuită de un înger atâta timp cât arde, iar acesta te apără de rău. Simplul fapt că te trezești pentru a te ruga, dacă îți este rău în timpul somnului, este un lucru determinat de el.

Flacăra lui Saint-Germain

Se poate pune în colțurile camerei, în fața ușii, sau în oricare alt loc. Sfera lui Melchisedec poate fi trimisă să curețe casa de orice, de la gânduri necurate la demoni. Spațiile radiestezice pot fi de asemenea trimise să curețe neîncetat camerele. Cartelele magnetice pentru case au o vibrație mare care nu permite apropierea entităților malefice.

Refacerea PSI

Refacerea PSI trebuie să urmărească niște pași în ideea reparării structurilor psihicului individului pentru a-l pune în starea de vindecare. De aceea trebuie avută în vedere integritatea câmpurilor, funcționarea optimă a chakrelor, refacerea și curățarea de programe malefice a sufletului și sănătatea șarpelui kundalini.

Se au în vedere prezența entităților malefice și spiritele pământului, apei, focului, aerului, metalelor grele, de care organismul uman trebuie curățat.

Se reface conectarea lui la lumina divină, de care, în timpul unui atac PSI, acesta este rupt. Aici poate fi vorba doar de curățări, optimizări sau chiar de reinițieri.

Refacerea radiestezică se face prin următorul algoritm:

Pune Doamne în mine informația specifică și necesară refacerii!
PSALMUL 50
În acest psalm există o cheie importantă, care sună așa:

Stropi-mă-vei cu isop și mă voi curăți,
Spăla-mă vei și mai vârtos decât zăpada mă voi albi...

Pentru refacerea matricii originale a organismului, cea care a fost rânduită de Dumnezeu înainte de naștere și care în timp se poate modifica, tocmai pentru că omul poate evolua și în bine, așadar există posibilitatea ca defecte genetice manifeste sau nu să fie îndreptate, se folosește algoritmul:

Se anihilează orice defect al matricii originale rânduită de Dumnezeu acestei ființe umane și se reface cu Lumina, Iubirea și Înțelepciunea Duhului Sfânt care izvorăște prin palmele mele!

Curățarea de agenți patogeni, celule tumorale sau paraziți se face după algoritmul:

Se taie și se anihilează câmpul vital al celulelor tumorale, al agenților patogeni, al virușilor, bacteriilor, ciupercilor, al paraziților din această ființă și se distrug cu lumina Sfântului Duh.

Împotriva entităților malefice, cei care au acces la energii superioare, maestrii pe mai multe sisteme, se spune:

Se anihilează ENM-urile, ECM-urile, SECM cu lumina Sfântului Duh, iar SN să se ducă înapoi la Dumnezeu.

Iar în cazul ENBF-urilor se poate anihila programul malefic, entitatea bună, ENB-ul, să se ducă la Dumnezeu pentru refacere iar SN-ul la fel. În timp ce ENM-urile din componența lor să fie distruse.

Refacerea se referă și la sănătatea mentală, la raportul lumină-întuneric din individul respectiv, la tăierea și anihilarea legăturilor karmice cu agresorul.

Folosirea lumânărilor

În momentele de cumpănă, aici mă gândesc la tipurile de magie folosite în general de țigani, dar nu numai, în care se închide accesul nostru la lumină, se folosesc lumânările. Ți se taie pur și simplu legătura cu lumina prin blocarea chakrei coroanei, a celor superioare sau prin închiderea ta într-o gogoașă de întuneric. Persoanelor astea li se ard becurile, instalațiile electrice, se transformă în praf și pulbere pe tot ce pun mâna! Nu este deloc vesel pentru ei. În asemenea momente, presupunând că ai cunoaștere și la un moment dat ai putut lucra cu energii și activa simboluri, ai nevoie de un minim de lumină ca să reîncepi refacerea ta. Se aprind atunci 9 lumânări în cruce, câte una pentru fiecare ceată de îngeri, și se spun rugăciuni uitându-te fix la ele de la o distanță mică, 10-20 cm. Exercițiul se bazează pe un altul preluat din Yoga, cel de refacere în 15 minute a unui somn de 8 ore! Noi în somn luăm lumină. Ea ne face să ne simțim odihniți. Deci ceea ce ne trebuie este tot lumina, prin orice mijloc. Când vom avea suficient acces la lumină, nu vom mai simți oboseala și nu vom mai avea nevoie să dormim. Vom fi precum Dumnezeu, care nu doarme niciodată și nu este obosit niciodată.

CAPITOLUL 7

Grupul în protecție și atac

În primul rând trebuie lămurit care sunt caracteristicile grupului, ce este un grup de oameni și de unde apare puterea lui. Cel care a descris primul grupul a fost Gustav le Bon, în Psihologia mulțimii. El a prezentat cel mai bine individul în mijlocul grupului. Doar că nu a ajuns la esența lui, la ceea ce determină până la urmă comportamentul uman în mijlocul altor indivizi asemenea lui.

Un grup de oameni are ceea ce se numește subconștientul de grup, care este suma subconștientelor individuale ale componenților lui. Fiecare subconștient are în el mai multe fracțiuni care se pot enumera astfel: subpersonalitățile materne și paterne ale fiecăruia, tot ceea ce este refulat și mai ales părțile nerefulate ale subconștientului uman, Sinele componenților grupului, acei șerpi kundalini ai fiecărui om din grup.

Vorbeam la un moment dat de vârsta astrală a oamenilor. Acest parametru este caracteristic șarpelui kundalini, Sinelui omului și, pe lângă asta are, și o dimensiune la nivel astral. Nu mă compar ca dimensiune cu cineva care are peste 10 miliarde de ani!

Este adevărat că, prin cunoaștere, se poate trece peste cineva cu vârsta astrală mare, dar asta știu de abia acum. Au fost momente în care unii, doar pentru că erau mai bătrâni în interior, puteau trece ușor peste voia mea, chiar dacă nu aveau dreptate. Așa, a trebuit să mă adaptez. Câteodată trebuie să compensezi prin viclenie dimensiunile tale reduse. Sună urât, nu? Dar Doamne-Doamne

Iisus spunea: „Fiți înțelepți ca șerpii și blânzi ca porumbeii!" Nu am ajuns încă la blândețea porumbeilor. Mai lucrez la asta. În rest... Revenind la subconștientul de grup. El apare la un moment dat ca o sumă de șerpi. Ce urât! Sincer, nu mă interesează că pare așa. Din această cloacă, acela care este mai mare se va erija în lider și va conduce grupul respectiv. Nu mai au importanță nici studiile, nici cunoașterea spirituală acumulată în viața asta. De aceea, într-un grup, tot ceea ce înseamnă poleiere, adică educație actuală, dispare și oameni pe care nu i-ai fi crezut în stare devin capabili de lucruri la care nu te-ai fi așteptat. Și nu în bine.

Evident că grupul îți dă senzația de forță, de apărare. Este cazul armatelor, al organizațiilor, al sectelor, al galeriilor de fotbal și, nu în ultimul rând, al bisericilor. Pentru că fiecare are la un moment dat un subconștient de grup mai mic sau mai mare. Odată constituit un grup, subconștientul colectiv se divide, formând alt tip de subpersonalități specifice. Avem subpersonalitatea medicilor, preoților, militarilor și altele care determină ca indivizii din acest grup să aibă caracteristici comune. Să semene. Această subpersonalitate de grup are și bune și rele. Ajută individul în menirea grupului. Îl va ajuta pe medic în menirea lui de a ajuta oamenii. Pe preot de asemenea. Dar are și rele. Se opune oricărei încercări de a aduce ceva nou în cunoașterea subpersonalității de grup, ducând indivizii în ceea ce se cheamă transfer negativ. Majoritatea medicilor care nu acceptă nici măcar posibilitatea terapiilor complementare sunt pradă acestui transfer și asta pentru că mulți sunt prea slabi și sunt ei înșiși dominați de subpersonalitatea de grup.

Eu unul nu mă consider nici medic, nici preot, nici maestru de arte marțiale. Nu mă identific cu nici una dintre aceste subpersonalități pe care, prin cunoaștere, mi le-am creat. Eu sunt eu, cel care știu și din unele și din celelalte.

Mi-a plăcut în copilărie o explicație dată de un călugăr shaolin care spunea:

„Maestrul shaolin este precum aerul dintre spițele unei roți. Nici cercul, nici spițele, nici butucul. Dar fără aerul dintre spițe, roata nu s-ar putea mișca!"

Și eu am ales să fiu ca aerul dintre spițe. De aceea nu mă implic în nimic și în toate!

Revenind. La fel, puterea unui grup este dată de dimensiunea subconștientului de grup. Am exagerat puțin mai devreme. O mare însemnătate o au și îngerii, dar chiar și aici se complică lucrurile, pentru că luând, de exemplu, subconștientul colectiv al bisericii ortodoxe, lucrurile se complică. Aici avem și îngeri și șerpi. Să nu-mi spună cineva că sunt numai îngeri! Ar trebui ca toți preoții, în frunte cu episcopii și patriarhul, să fie sfinți. Ei sunt preasfinți și preacucernici, dar nu sfinți. Și atunci cine se opune introducerii noului în cunoașterea ortodoxă? Îngerii în nici un caz. Cei care se opun oricărui adevăr sunt demonii. Ei știu care este adevărul și nu-l acceptă. Exact cum nu l-au acceptat rabinii pe Iisus Hristos!

Am lămurit cum se opune răul, prin intermediul subconștientului colectiv, binelui.

Forța unui grup este dată atunci de binele sau răul din el. Sau de amândouă. Exemple de colective care folosesc lumina ca putere a subconștientului de grup sunt bisericile ortodoxe și catolică, inforenergetica, tehnica radiantă, unele rituri masonice. Cele care folosesc răul ca putere a subconștientului colectiv sunt unele rituri masonice, sectele satanice, marile cluburi de arte marțiale. Cele care folosesc și lumina și întunericul ca putere a subconștientului de grup sunt cluburile de Aikido. Nu am de gând să intru în detalii. Mai și gândim fiecare!

Ca idee, pentru cei care adoră exercițiile de gândire. Îmi place să mă cred antrenor, dar antrenor de minți, de creiere!

Pentru schimbarea ideilor dintr-un grup este necesar ca un număr critic de indivizi din grup să devină simpatizanți ai ideilor respective, totul funcție de mărimea grupului, pentru ca ideile implementate să ajungă să fie acceptate la discuții și apoi validate. Asta fac eu prin ceea ce scriu. Oblig medicii, preoții, oamenii simpli să gândească și să tragă o concluzie. În timp, va rămâne ceea ce este de valoare din ceea ce scriu. Timpul este cel care decide cel mai bine valoarea unui lucru și a unei idei.

Grupul duce la armonizare conform principiului: „cine se aseamănă se adună" și la pierderea identității proprii pentru cei care au probleme de identitate. Or, aceștia sunt cei mai mulți, pentru că cei mai mulți dorm în interiorul lor până ce Dumnezeu le va permite să se trezească.

Grupurile în atac

Aduc în atenție demonstrațiile călugărilor shaolin. Aceștia, în unele momente, se așează în cerc în jurul celui care are un exercițiu de făcut. Fie că stă sprijinit într-o suliță ascuțită, fie că aruncă un ac cu ață care să treacă printr-un geam. Este modalitatea lor de a concentra energia grupului pe un singur individ. Doar că ei nu lovesc niciodată oamenii...

În general, grupurile care atacă se reunesc periodic și formează un cerc, apoi unul dintre ei se erijează în lider și folosește puterea grupului pentru a ataca în punct, pentru a crea spații malefice sau a lega. Ținând cont că fiecare individ are o putere limitată, este clar că el va beneficia de energia proprie plus a celorlalți.

De exemplu, se întâmplă ca antrenorii de arte marțiale, de sporturi de contact sau box, să folosească energia proprie pentru a susține energetic un sportiv. Asta este și bine și rău. De ce este bine? Pentru că energia antrenorului are deja în ea informația privind tehnicile care trebuie întrebuințate în sportul respectiv. Din cauza asta este bine. Astfel, la nivel subliminal, el poate transfera cunoașterea aflată în subconștientul său celui pe care îl antrenează. Și învățarea sportivului se face mai repede. Schemele sportive aflate la nivel de subconștient se pot transfera astfel practicanților. De ce este rău? De multe ori sportivii nu mai „trag" destul, bazându-se mai mult fie pe ceea ce primesc degeaba de la antrenor, fie pe ce mai „fură" de la cei cu care se antrenează. Problema este în a determina sportivul să-și crească această capacitate de efort. Dacă nu se face așa, există neșansa ca în momentul meciului să nu poată folosi această energie și propria lui putere să nu-i fie suficientă.

În ceea ce privește apărarea în fața atacului unui asemenea grup, aceasta devine o adevărată problemă pentru un om simplu.

Cam ce șanse ar avea un om în fața țigăncilor care se așează în jurul focului și încep să descânte și să facă vrăji?

Un singur om are puține șanse să se apere. Și asta pentru că este depășit din punct de vedere al PIEC-ului. Puterea inforenergetică concentrată. Poate avea un singur om PIEC-ul destul de mare pentru a se apăra singur? Răspunsul este da. Un om își poate crește puterea aceasta prin mai multe metode. Pe lumină, prin creșterea numărului de îngeri. Astfel, un episcop, un preot, un călugăr are această putere prin slujbele de hirotonisire sau botezul călugăresc. Practicanții Reiki, maeștrii Reiki își pot crește PIEC-ul prin numeroase inițieri sau prin inițieri care permit primirea mai multor îngeri drept ajutor. Radiesteziștii prin optimizări și terapiile pe care le fac.

Creșterea numărului de DN-uri se face prin înaintarea în grad în artele marțiale, prin inițierile pe întuneric.

Trebuie să precizez, deși mă repet, că este mai important ce faci cu puterea pe care o ai și că poți ridica mânăstiri cu demoni și ucide cu lumină!

Metode de contracarare. Aceste metode nu se adresează publicului larg, ci maeștrilor, celor care au deja acces la energii pe care pot să le folosească în a realiza ceea ce le spun.

Orice atac în grup în punct presupune o energie care intră în câmpul victimei. Primul lucru este izolarea victimei de atacatori. Se pune pur și simplu mâna în locul atacat. Sau ambele mâini.

Apoi se folosesc simboluri Reiki, deschizându-se Sursa de Lumină spre grupul de atacatori.

Protecția care înlătură o parte sau întregul atac constă în construirea unui sistem de apărare care să intre în funcțiune în caz de nevoie. Aceasta se poate face folosind oglinzile concave energetice, cilindrii de lumină, clopotul lui Budha etc. Asta în cazul în care te afli la o putere relativ egală cu a atacatorilor. Singurul mod prin care un individ mai mic se poate apăra împotriva unui grup este prin contraatac imediat ce este lovit. Surpriza unui contraatac poate deconcerta grupul și întrerupe emisia suficient astfel încât cel agresat să se pună la adăpost.

Când ești mai slab, nu lovești vârful. Ci pe cel mai slab din grup. Ai secunde pentru a simți asta. Și contraatacul nu trebuie să fie deloc ușor, ci radical. Poate sună dur, dar dacă se pune problema vieții și morții mele, mai bine să plângă mă-sa!

Dacă puterea este asemănătoare, se atacă direct vârful. Dacă la un contraatac liderului i se face rău, probabilitatea ca acel grup să mai atace PSI este aproape nulă. O mare importanță în lupta PSI este încrederea în tine însuți. Odată zdruncinată, ea se reface destul de greu. Eu unul nu am milă deloc de grupurile care atacă PSI. Folosesc tot și chiar din punct de vedere divin am acest drept.

Cum de cele mai multe ori este invers, adică ești mult mai slab, nimic din ceea ce am spus nu folosește. Aici intervine suportul grupului, al prietenilor. Reunirea mai multor oameni în jurul celui atacat suprapune câmpurile lor și, automat, victimei îi crește puterea energetică și capacitatea de protecție. Unul dintre cele mai grele atacuri l-am primit din partea unui grup de 33 de indivizi. Șansa mea a fost că mă așteptam la așa ceva. Se făcuse o strigare și un grup și-a reunit gradele mari la convocarea șefului. Întâmplarea (cred că mai degrabă Dumnezeu) a făcut ca una dintre doamnele de acolo să se scape în public că se întâlnesc, iar eu am aflat. Aveam cursuri la care predam grupului lor cunoașterea primită de mine de la un grad mai mare, pe care l-am dezlegat de jurământul făcut la intrarea în organizația respectivă. În timpul cursului, am început să simt cum lucrează. Știau mai multe lucruri și îmi trimiteau corzi pe chakra coroanei. Am numărat 33. Doar că nu toți erau conștienți de ceea ce se întâmpla. Erau folosiți în orb. Doar câțiva știau adevărul despre ceea ce se petrecea la nivel astral. Șeful lor îi chemase pentru cine știe ce, îi amețise la nivel conștient și, împreună cu alți câțiva, se folosea de PIEC-ul celor 33 ca să atace. Nu cred că numai pe mine. Sau că i-ar fi chemat special pentru mine. Ar fi prea mare onoarea și atenția! Cert este că aș fi vrut să le-o trag. Dar Doamne-Doamne a zis că nu. Și i-am lăsat să facă tot ce credeau. Rămași la stadiul medieval la care aveau impresia că armele astrale se reduc la sabia de lumină și spații cu chakre, nu puteau concepe că mai sunt și altele. În momentul în care au făcut tot, am atacat. Simplu.

Am folosit cubul lui Metatron. Măestria pe Shambala Reiki îți dă accesul la cel mai mare înger care stă în dreapta lui Dumnezeu, Metatron. Puterea lui este mai mare decât tot ceea ce cunoaștem noi, oamenii, până acum.

Auzeam doar gândurile lor: „Cum ne poate lovi, doar l-am legat!"

Există la ora actuală sisteme Reiki inspirate divin care dau o protecție imensă. Asta dacă, evident, rămâi sub Dumnezeu, precum Ascension Energy Sistem menit special să ne ridice planeta în dimensiunea a cincea, pe baza a patru energii cărora le corespund patru simboluri care sunt sacre, dar nu secrete, Ascensia, Clarity, Godhead și Focus.

La un moment dat a venit la mine o prietenă care tocmai se despărțise de iubitul ei. Îl dăduse afară din casă. Nu se mai înțelegea de mult cu el, fiind genul care îți scoate ochii pentru fiecare bănuț pe care îl cheltui. Era legată cu 99 de legături ca să nu plece de lângă el. O amenințase că se duce la babe și se pare că o făcuse. Cert este că despărțirea nu-i priise deloc. Acum, când venea la mine, avea câmpul spart din nou la cap. Am încercat tratamentul clasic cu simboluri, dar supărarea acelui individ care era mai negru decât noaptea era atât de mare că îi penetra câmpul în alt loc. Curățam locul respectiv, muta coarda în altul. Atacul era și nu era voit. În sensul că el îi ura numai „de bine", dar nu știa că o prinde energetic în cap. Cert este că se scurgea lângă mine și atunci m-am gândit la o ghidușie: să intru în câmpul ei și să îmi suprapun imaginea cu ea, ca și cum ai suprapune două imagini pe aceeași fotografie. Am rugat-o să facă la fel mental. În acel moment am simțit locul unde gândul lui negativ, neiertarea lui, îmi penetra câmpul și am reușit să fac simbolurile din Reiki pe coarda respectivă. Am mai făcut ceva: am deschis Sursa Universală pe agresor, dându-i lumină și iubire. Când ne-am despărțit, era mai bine. Pentru orice eventualitate, am mai trimis o bilă de lumină (așa cum se fac în Chi Kung sau inforenergetică) care să se interpună între ea și el. M-a sunat spre seară să-mi mulțumească: era bine.

Suprapunerea unui câmp peste un altul face ca primul să fie mai greu penetrabil, de aceea este mai greu să fii lovit sau să lovești în mulțime. Centrarea câmpurilor mai multor indivizi pe un singur om care este lovit face să scadă intensitatea atacului până la dispariția lui.

Plecând de la acest aspect au apărut ceea ce se cheamă bodyguarzii PSI, oameni care se ocupă de protecția PSI a personalităților politice sau publice în general.

Cel mai interesant mi s-a părut a fi cel al unui lider de partid cu care am intrat în conflict la alegeri. Avea un sistem de protecție PSI format din opt paranormali. Doi, un bărbat și o femeie, cu vibrații mai mari și alți șase cu vibrații mai mici, dar având cunoaștere PSI. Garda era formată de cei șase, care lucrau în schimburi de câte doi oameni la 72 de ore, iar ceilalți doi, femeia și bărbatul, interveneau doar în cazul în care primul cerc era penetrat de cineva. Sistemul era simplu. Ea transmitea lumină noaptea, acoperindu-l pe el, deși este mai negru decât noaptea, așa putând apărea la televizor ca o floricică și folosi lumina respectivă pentru gunoiul lui de partid. Cei doi care stăteau în apropierea lui, capabili să deceleze cu palma dacă un buchet de flori este informat cu lumină, îl înveleau cu câmpurile lor superioare astfel ca tot ceea ce venea peste el ca atac PSI să fie preluat de ei. Interesant, nu?

Sistemele de protecție PSI sunt foarte asemănătoare celor folosite de gărzile de corp normale iar numărul de oameni depinde de buzunarul celui care îi angajează. Ori domnul respectiv își poate permite!

Terapia de grup

Mergeam să vorbesc cu părintele Dosoftei de la Ciorogârla. La un moment dat, l-am întrebat cum vindecă el sufletele oamenilor. Mi-a răspuns că omul se poate asemăna cu un ulcior care are găuri. Pentru a putea turna harul, trebuie astupate găurile lui. Găurile reprezentau greșelile de gândire care duc la acțiunile noastre rele, la păcate.

În timpul terapiei de grup, psihoterapeutul face parte din subconștientul de grup. El poate stăpâni toate pornirile subconștientului colectiv care tind să se manifeste prin el. De aceea vectorul rezultant al grupului va tinde să se manifeste pe calea minimei rezistențe și, inevitabil, unul dintre cei care face parte din grup va permite, ca o supapă, ieșirea la suprafață a propriei lui bube.

Am vorbit despre asta pentru a se înțelege că este ideal să-ți supui propriile gânduri și idei grupului. Fiecare va analiza ceea ce tocmai ai enunțat prin propria experiență și conștiință, ceea ce duce inevitabil la descoperirea adevărului.

Din acest punct de vedere, grupul este net superior individului. De aceea mânăstirile de obște au dat mai multe roade decât cele de sine. Mai ușor vezi paiul din ochiul altuia decât bârna din ochiul tău. Plus că armonizarea unui grup permite scăderea tensiunilor interioare ale indivizilor, ducând la vindecarea lor.

Inițierea în grup

Ca maestru Reiki am descoperit că inițierea de grup este mai puternică. Apoi am încercat să descopăr de ce. Simplul motiv că mai mulți oameni se întorc spre lumină, produce bucurie în cer și atunci va crește implicarea cerului în orice înseamnă evoluția oamenilor. Plus că dacă pentru fiecare om coboară un număr de ghizi, de îngeri, atunci puterea este mai mare cu câți mai mulți sunt ei.

Magia în sport

Îmi place să dezvolt subiectul, mai ales că observ ignoranța care domnește în tot ceea ce privește lumea sportivă românească. Chiar nu se găsește nici un mare antrenor să înțeleagă importanța cunoașterii ezoterice în performanța sportivă? Se vorbește mult despre hipnoză în pregătirea sportivilor. Dar este un biet vârf de aisberg.

Mai presus de asta este condiționarea energetică, crearea de depozite energetice și folosirea lor pe parcursul unei competiții sportive. De exemplu, aduni energia informată pentru un anume sport, o stochezi undeva și o eliberezi pe finalul unei curse de canotaj, ciclism, polo sau fotbal, când echipa adversă este deja obosită și a redus tempo-ul!

Sau să ai pe cineva care-i împiedică pe sportivi să evolueze la adevărata lor valoare. Eu unul nu aș face asta, dar cum te protejezi de cei care o fac? Și aici intervine o nouă profesie: gardă PSI pentru sportivi! Simpatic este că omul care face protecție nu trebuie să se afle lângă persoana respectivă, ci să stea frumos în fața televizorului.

Nu toți au scrupulele mele în ceea ce privește facerea de rău. Totul este energie. A implementa un algoritm malefic la nivelul subconștientului unei gimnaste care evoluează la bârnă sau paralele înseamnă un dezastru, ba poate chiar moartea acelei copile.

Din păcate, la ora actuală, în comparație cu banul și cu gloria, viața unui om nu prea mai înseamnă nimic. Se poate proteja PSI un asemenea om care reprezintă, până la urmă, țara? Evident că da, dar destul de greu. În perioada aceea trebuie să fii atent la el 24 de ore din 24 ca să nu i se întâmple ceva.

Ideea că magia se folosește cu succes în sport mi-a venit de la cazul unui boxer pe care l-am întâlnit în studenție. Lucram la un magazin de aparatură tehnică și eram coleg la pază cu un fost boxer de la Dinamo. Fusese bun, ajunsese la titlul național și, dintr-o dată, i se făcuse frică. Tremura tot înainte să intre în ring și nu-și explica cum de a ajuns în halul ăsta. Nu știa nici el, cum nu știam nici eu pe atunci, că frica poate fi indusă și că așa ceva pățise și el. Erau câțiva pe care îi cam bubuise și pentru că nu putuseră să-l dovedească în ring îl făcuseră prin magie. Ajunsese să-i fie frică de propria lui umbră!

Marii antrenori de box știu ce înseamnă „încărcarea", mai exact umplerea câmpului tău, a ulciorului pe care îl reprezinți, cu Chi greu, cu întuneric. Așa îți dai seama cât de bun poate fi un luptător. Este vorba de forța brută, nu de tehnică. Fiecare om are o capacitate de a se încărca cu întuneric pe care să-l stăpânească. În box, arte marțiale, asta diferențiază forța brută. Pentru radiesteziști, este interesant câte DN-uri (duhuri necurate) au avut la momentul gloriei un Mohamad Ali, un Tyson sau o centură neagră 8 dan!

Folosirea paranormalilor în sport nu este o noutate. Se poate acționa asupra gravitației (ce consecințe ar avea asta în gimnastică, volei?), asupra frecării cu apa (canotaj, înot etc.), asupra adversarilor și a familiilor lor, pentru a-i stresa psihic. Și se face.

Ne uităm la ritualul unei echipe de rugby, suntem impresionați de vigoarea sau mai știu eu de ce din el și nu înțelegem că el conectează la un anumit tip de energie și că este timpul să căutăm explicațiile și aplicațiile științifice ale magiei, lucru care în străinătate se face demult.

La un moment dat stăteam pe terasa de la Dinamo, de lângă piscină, și beam un pahar de vin cu un prieten. Tocmai ieșisem de la sala de box și suplimentam apa pierdută în antrenamentul la sac. Lângă noi erau băieții din lotul de fotbal. Pierduseră la rând cam șapte etape. Prietenul meu, supărat, i se adresează lui Florentin Petre:

– Faceți ceva, băi fraților, că ne îmbolnăvim de nervi!

– Lasă-l în pace! i-am spus. Tocmai măsurasem și descoperisem că aveau toți picioarele legate! De cineva care se ocupa de protecția PSI a patronului unei formații bucureștene adverse! În cele din urmă s-au dezlegat și au mers mai departe.

Pe când mă antrenam din greu să văd cât sunt în stare, dar mai ales să pot să intru în ring cu băieții de la box și de la Wu Shu, luam niște suplimente nutritive. Apilarnil, lăptișor de matcă, ginseng roșu, polen și vitamine cu minerale.

La un moment dat am observat că nu îmi mai fac bine și că mi-e din ce în ce mai rău după ce le iau. Le-am măsurat și am descoperit că prietena mea psiholoaga îmi trimitea spiritele focului în ele iar eu le înghițeam ca pelicanul. A trebuit să-mi fac program de curățat suplimentele pe care le luam înainte de a le înghiți!

Subconștientul poporului român

Multă lume mă întreabă de ce nu plec din țară. Nu-mi îngăduie Dumnezeu. Când voi fi sădit semințele pe care El mi Le-a dat și vor fi crescut lăstari care să facă la rândul lor semințe, am să plec. Atunci mă va dezlega Bunul Dumnezeu și pe mine de menirea pe care eu însumi mi-am ales-o.

Până atunci vreau să sădesc în subconștientul poporului român niște adevăruri care îl vor face mai puternic, mai încrezător în sine, în ceea ce este și în ceea ce face și care îi vor permite să nu se treacă așa de ușor peste opțiunile lui, peste liberul lui arbitru.

Când vom avea oameni pregătiți psihic în locuri cheie, care vor putea întoarce în favoarea poporului multe din problemele puse în discuție, vom fi niște fericiți. Atâta timp însă cât vor fi niște farsori, hoți și sperjuri, poporul român va fi doar un fel de ciuca bătăii internaționale.

Eu știu că orice adevăr care penetrează subconștientul de grup va face să se nască nevoia unui lider cu mai multe calități, din ce în ce mai multe, care să fie cu adevărat benefic poporului român. Asta este menirea celor care învață, profesori, preoți și mentori de diferite orientări spirituale. Și asta am ales și eu.

CAPITOLUL 8

Armele PSI

Din păcate, sunt tot mai des folosite arme cu potențial PSI distructiv și, când mă refer la asta, spun că omul este extrem de vulnerabil în fața unei asemenea arme. În primul rând pentru că nu este cunoscută. Apoi deoarece, ca individ lovit PSI de o asemenea armă, nu o percepi ca atare, ci ai impresia că este o simplă durere organică și o tratezi ca atare. Apoi pentru că puterea unei arme o depășește cu mult pe aceea a unui om. Nici un om neantrenat sau nedotat nativ nu va putea întrece ca putere o armă care se alimentează la curent electric. Dacă accede pe trepte spirituale destul de mari, astfel ca energia care curge prin el să depășească puterea armei, poate avea o șansă să supraviețuiască.

Am avut emisiuni la televiziune și pot spune că nu a fost o plăcere ceea ce a urmat. Ești, vrei nu vrei, ținta mai multor oameni, care fiecare vrea să imprime o anume tentă acelei emisiuni. Unii te susțin, alții încearcă să te discrediteze.

Aș putea spune că sunt adevărați eroi cei care fac emisiuni în direct despre tainele sufletului uman, pentru că acel contact energetic cu telespectatorii este potențial distructiv pentru prezentatori și nu numai. Se acționează asupra lor cu lumină informată, prin magie și, nu în ultimul rând, prin armele PSI.

Există la ora asta aparate care pot decoda un om. Mai exact, fiecare om are un cod energetic propriu, care poate fi reprezentat aproape ca un cod de bare!

Primesc la un moment dat din Rusia niște cartele magnetice care aveau EBF-ul foarte mare. Le măsor și descopăr că reprezentau o persoană sfântă. I-am spus femeii care mi le-a adus și ea s-a dus înapoi în Rusia și a mai luat. Femeia de la institutul care le producea a făcut ochii mari când i-a spus despre asta și a recunsocut că este codul unei icoane făcătoare de minuni, parcă de pe lângă Moscova.

Decriptarea codului energetic al unui om a determinat și apariția aparatelor care pot emite pe această frecvență.

Așa au apărut aparatele care emit și adună spiritele focului sau salamandrele. Deși e aproape de necrezut, avem și noi faliții noștri. Am numărat vreo cinci într-o seară.!

Mai sunt aparate care transmit ioni de metale grele.

Mi-a venit odată un cursant la o inițiere. Și la sfârșit am putut să arăt maeștrilor mei cum se simte așa ceva. În chakra coroanei, punând palma cu fața în sus, se simțea fluxul de energie coborând în capul omului respectiv.

Mod de contracarare? Din păcate este unul singur – distrugerea aparatului respectiv. Ceea ce este destul de greu să explic în acest volum.

S-a observat că demonii nu suportă anumite niveluri de vibrație și atunci curățarea unor spații se poate face doar cu aparate care emit pe o anumită frecvență.

La un moment dat am simțit o mare presiune pe cap. Am crezut inițial că este o grilă de cristale, dar parcă emitea prea tare. Eram plin de nervi. Afară ploua cu găleata. Interpun mâna între capul meu și energia care venea și „văd" că emiteau doi sateliți, rusești! Produceau ploaia! În București, toți parcă erau bătuți în cap. Noi intrasem cu mașina într-o baltă imensă, nu aveam nici o șansă să trecem. Parcă ne luase cineva mințile! Și atunci am descoperit de ce. Sateliții! „Distruși" a fost primul meu gând, supărat că Toyota mea era plină de apă! Când a venit un val făcut de o furgonetă, ne-am ridicat cu tot cu mașină, plutind ca într-o barcă!

Am sunat un prieten vrând să văd dacă nu am luat-o în bălării și mi-a confirmat că am dreptate în privința sateliților și a numărului lor. A fost singurul lucru pe care am avut voie să îl fac. Dar faptul că fac experiențe pe noi și ne distrug recoltele și casele este însă tragic și vor plăti și ei la rândul lor.

Un prieten mi-a spus că mă bate dacă spun cum se poate distruge un aparat. Evident, lui îi este teamă pentru computerul lui!

CAPITOLUL 9

Pericolul ritualurilor

Cred că era necesar să scriu despre acest subiect pentru a avertiza asupra pericolului utilizării în mod eronat a tot felul de practici și ritualuri care nu știm unde ne duc.

Am de gând să scriu exact cum se face un ritual de îndeplinire a dorințelor, dar trebuie avut în vedere și rezultatul, care poate să nu ne fie tocmai pe plac, ca să nu spun de-a dreptul nefast.

Am primit de la părintele Pantelimon un ritual secret, pe care l-am descris în *Devenirea,* dar care acolo nu era complet.

Suna așa:

Pentru îndeplinirea dorințelor trebuia să ții post 7 zile de luni la rând, de preferat în posturile mari, de Crăciun și de Paște.

Se începe ritualul cu o săptămână mai devreme, pentru că posturile mari au doar 6 săptămâni, circa 40 de zile. Sunt mulți cei care țin acest post doar cu apă! Dar asta este altceva.

În fiecare zi de post negru din cele 7 se iau 7 lumânări și se pun în linie față de Răsărit. Cele șapte lumânări sunt menite celor 7 arhangheli planetari, printre care și Mihail și Gavril, ultimul fiind îngerul darului.

Se citesc rugăciuni de patru ori pe zi: dimineața, la prânz, seara și la ora 12 noaptea.

Dimineața, la prânz și seara se aprind cele 7 lumânări și se arde de fiecare dată câte un sfert din ele.

Se spune în gând sau cu voce tare, de trei ori, rugăciunea:

Doamne, te rog iartă greșelile mele, dăruiește-mi ceea ce-mi este de folos, îndeplinește-mi dorința pe care o am înaintea Ta după mila Ta cea mare.

Se fac 25 de mătănii. La ora 12 noaptea se fac cele de mai sus și se adaugă rugăciunea:

Doamne primește nevrednica mea rugăciune și nevrednicul meu post, îndeplinește-mi dorința după mila Ta cea mare!

Și îți asumi răspunderea pentru ceea ce dorești.

Împlinirea unui ritual pentru dorințe înseamnă neacceptarea voinței divine și condiționarea lui Dumnezeu ca să îndeplinească voința noastră!

Bine, bine, mi-ar spune cineva, și să nu ne mai dorim nimic? Ar fi ideal. Modelul cristic reprezintă totala acceptare a voinței divine în sensul binelui tuturor. Noi avem o idee preconcepută despre Dumnezeu și credem că știm cel mai bine ce ne trebuie, drept urmare ne simțim îndreptățiți să-I cerem orice și să ne rugăm până primim. Am fost sfătuiți și de Iisus să cerem, dar tot El a spus de fiecare dată să încheiem cu „Facă-se Voia Ta Doamne!" Dacă am ști să trăim în Dumnezeu, nu am avea nevoie de nimic pentru că El ar face totul pentru noi. El ne vrea în primul rând fericiți! De aceea nu sunt de acord cu ritualurile.

Ritualurile cu 33 de lumânări, cu nu știu câte zile de marți de post negru nu mai cred că este necesar să le descriu. Am înțeles că dacă la un moment dat am alege sincer dinlăuntrul nostru să lăsăm hățurile din mâini Lui am descoperi pacea sufletului și fericirea.

Exorcizările

Este timpul să stăm puțin și să dezbatem problema exorcizărilor care au suscitat tot felul de discuții în ultimul timp. Ce sunt exorcizările? Scoaterea unor entități malefice dintr-un spațiu, obiect sau om. Pentru că entitățile negative pot sălășlui oriunde. În general, posesiile demonice nu sunt întâmplătoare. Un om simplu nu ajunge posedat fără știrea lui Dumnezeu. De ce permite Dumnezeu acestea? Simplu. Pentru că un echilibru trebuie menținut în Univers. Atunci de ce permite exorcizările? Pentru respectarea acelorași Legi divine și pentru că noi avem nevoie de dovezi. Exorcizările sunt necesare pentru ca noi să înțelegem că demonul există. Avem acces la tot felul de informații care mai de care mai contradictorii care neagă, din frică sau ignoranță, existența demonului ca ființă spirituală. Am ajuns să avem preoți care neagă existența magiei și care nu discută despre demon ca ființă spirituală. Unii episcopi au făcut chiar pactul cu întunericul, mergând cu fundul în două luntri, și astfel nu este de mirare că sunt împotriva exorcizărilor.

Cunoscându-se că prin exorcizare poate fi folosit demonul de către preotul sau exorcistul respectiv, patriarhul a interzis citirea molitfelor de către unii călugări în preajma alegerilor.

Din păcate, exorcizările reprezintă un pericol atât pentru cel care face exorcizarea cât și pentru cel care este exorcizat. O exorcizare este o implicare în legile universale și întotdeauna apare un preț care trebuie plătit de cineva. Vindecarea demonizatului de către Mântuitorul s-a făcut prin moartea a trei mii de porci! Cineva a plătit un preț. Chiar și Mântuitorul... Nu poți ști asta până nu încerci, până nu te întâlnești cu răul în persoană. Atunci începi să respecți marii exorciști și așa am început să respect și eu mai mult ceea ce făcea părintele Argatu. Problema este că în timpul exorcizării pot muri ori bolnavul ori exorcistul! Eu unul recunosc că nu sunt destul de curat pentru a citi molitfele Sfântului Vasile cel Mare sau ale Sfântului Ioan Gură de Aur.

Molitfe și dezlegări
Dezlegări de farmece, blesteme și magie

Să lămurim termenul dezlegare, ca să nu mai existe dubii. A dezlega presupune a desface ceva de altceva. Ce este legat? Omul! De ce este legat? De demon! Cu ce ocazie? Pentru că, o dată cu acceptarea unei ispite, el, omul, se leagă pe sine însuși de entități negative! Și atunci ceea ce se cheamă dezlegare făcută de un preot este, de fapt, eliberarea omului de entitățile negative pe care le-a acumulat din cauza păcatelor, a magiei, din atacuri PSI, datorate karmei lui sau a celei de neam.

Și ca să mai terminăm cu povestea că orice preot are har să dezlege, trebuie să spun că este ca și cum am afirma că orice medic poate face operații pe cord deschis! Povești!

Preotul ar trebui să știe exact cum acționează demonii, la ce nivel, cum poate trece peste ei și, mai ales, dacă rezistă cu ei în el însuși, pentru că pericolul este ca el să preia la un moment dat energia malefică a unui om sau a mai multora.

Dezlegările de farmece, blesteme și magie nu înseamnă decât preluarea acelei energii din forma gândită și sublimarea ei în lumină, într-o energie benefică reprezentată de binecuvântarea preotului sau energoterapeutului.

Mulți dintre cei care nu mă cunosc au impresia că puterea mea vine din molitfele Sfântului Vasile cel Mare sau ale Sfântului Ioan Gură de Aur și ca să le mai treacă of-ul m-am gândit să fac public ritualul de exorcizare care poate fi făcut prin aceste rugăciuni. Sincer, mă amuz, pentru că știu ce balamuc o să produc cu asta, deoarece mulți au fost și sunt tentați să le citească. Nu le spun nici da, nici nu, nici că este bine, nici că este rău. Doar că am știut în prima noapte când am făcut acest ritual că nu o să mai am liniște toată viața, Răul nu o să-mi îngăduie asta, ba o să mai am și „șansa" să mor înainte de termen. Cum am fost tot timpul, în toate viețile mele, pe principiul că mai bine o zi vultur decât o viață cioară, am mers înainte.

Nu mai știu dacă am povestit cum m-am pregătit eu să întâlnesc răul. Nu poate avea chipul mai urât decât toate nenorocirile pe care le-am văzut în desenele animate pe care le privesc copiii în ziua de azi. Cert este că am ascultat de zeci de ori exorcizarea de la Sihăstria, la început cu alții, apoi singur și în cele din urmă după miezul nopții în întuneric deplin. Asta până ce nu am mai simțit frică în suflet. Nimic din ceea ce spunea răul nu mă mai afecta: nici vocea, nici imaginea lui, nici faptul că exista nu mai însemna nimic pentru mine. Apoi am început să le citesc stând pe scaun. În timp, am realizat că preoții de la care învățasem aplicaseră psihologia inversă, ducându-mă în cele din urmă unde trebuia. Nu cred că ar fi putut vreodată să mă determine să fac un lucru dacă nu le-ar fi îngăduit Dumnezeu. Mulți vor spune că este un lucru care trebuie făcut în taină, altfel își pierde puterea. Fals! Adevărul, tot ce ține de Dumnezeu trece proba luminii și a descoperirii în fața tuturor. Doar minciuna, răutatea și demonul își pierd puterea dacă sunt scoase la lumină, ele preferând abisul întunericului. Așa că oricare taină a creștinismului, dacă e valoroasă, se va păstra și în lumină dacă nu va dispărea. Un diamant rămâne diamant și în mâl, și expus într-o galerie de bijuterii. Trebuie să fie clar că acela care vrea să le citească va întâlni din partea răului toate formele de ispită care există: de la promisiuni la amenințări sau chiar lovituri directe. Poate la început nu va întâlni nimic, dar în timp își va da seama că răul nu glumește niciodată și nu iartă niciodată. Eu unul știu că nu voi putea merge niciodată la el să-i spun: „Știi, iartă-mă că te-am blestemat!"

Și demonii au armele lor și știu să le folosească extrem de bine. Există tridentul, există biciul numit coada de pisică, sunt mai multe. Dar mai presus de orice se pricepe să chinuie, generând probleme ție și celor dragi ție și trebuie să găsești în tine puterea de a merge mai departe.

Înainte de a te apuca de citit molitfele, se aprind 9 lumânări și tămâie sau smirnă, ca jertfă proprie fără de sânge. Eu unul aprind lumânările în cruce. Fac rugăciunile de început, cele uzuale la orice slujbă preoțească de sfințire a apei, după care încep să citesc molitfele. Cât timp ești așezat pe scaun, demonii nu te pot ataca. Nu știu de ce. Ideal este să ții în mână o cruce, pentru ca să nu intre pe chakra respectivă. Se pot citi și stând în picioare, dar efect mai mare au când stai în genunchi, cu singura condiție să fii în post negru. Așa se sfințeau (nu știu dacă se mai face) ușile bisericii de la mânăstirea Cernica, o dată pe an, cu trei preoți călugări. Nu cel care citește face exorcizarea, deși poate învăța asta, ci arhanghelii care vin trimiși de Dumnezeu la auzul rugăciunii. Ce ar însemna să facă exorcizarea? Să poată ieși din trup (să se extracorporalizeze) și, în astral, având sabie, să taie capul demonului luându-i astfel puterea!

În completarea molitfelor Sf. Vasile cel Mare și Sf. Ioan Gură de Aur, eu mai citesc rugăciunile de dezlegare la locurile supărate de farmece din molitfelnic și rugăciunea Sf. Ciprian. Multe lucruri le-am adăugat la rugăciunile inițiale pentru că nu erau complete și nici făcute pentru mireni. Astfel, la molitfe a trebuit să adaug la sfârșit ca pe lângă inimile noastre să apere Dumnezeu și familia și pe cei din camera respectivă, întrucât se plimbă apoi răul de la unul la altul. Am mai adăugat și alte tipuri de farmece decât cele cuprinse în rugăciuni, pe care le-am întâlnit în practică. La sfârșit stropesc cu agheasmă mare luată de Bobotează și lăsată descoperită în timpul rugăciunii. Și pun pecetea Duhului Sfânt, crucea pe frunte, pe ceafă, pe mâini și eventual pe locul bolnav dacă se poate. Ideea este de a se ocoli organele genitale. În rest se poate da cu ceva sfințit oriunde pe corp.

Problema care apare dacă reușești exorcizarea sunt demonii pe care îi scoți și trebuie trimiși undeva. Ei nu au decât soluția să intre în cel care citește molitfele sau să se ducă unde vrea acesta!

Contează, până la urmă, cine este cel mai puternic. Pentru că frica lor cea mai mare este ca nu cumva să-i trimiți în iad. Ar face orice să nu ajungă acolo!

Înainte de a ajunge să fiu ucenic al părintelui Argatu, am trecut prin diferite probe. M-a respins ca fiind mirean. Nici măcar el, la începutul uceniciei mele, nu mă vedea ca fiind bun pentru ceea ce-i învăța el pe ceilalți și asta pentru că eram departe de tot ceea ce înseamnă adevăr și curățenie. Plus că, precum orice preot, avea impresia că adevărul trebuie să rămână între zidurile mânăstirii. Credea că tainele sunt ale lor. Drept urmare, nu mi-a spus niciodată nimic. Așa s-a crezut la un moment dat. Nu am avut discuții particulare cu el. Până și când m-am spovedit la el erau mai mulți oameni în cameră. Tot ce discutam cu el era la nivel mental. Telepatic. Așa că m-a trimis acasă. Doar că eu nu am vrut să plec. Se putea comunica telepatic cu el și mental m-a trimis acasă. Am răspuns că nu plec și atunci mi-a spus să rămân dacă vreau, dar afară. Și am rămas. Era prin octombrie și afară era frig. După ce a plecat toată lumea și am văzut că rămân doar eu, m-am ascuns de paznicul mânăstirii și m-am așezat pe banca din fața chiliei părintelui. Am stat câteva ore rugându-mă și când am înghețat mi-a trecut prin minte să mă duc să mă adăpostesc undeva. Am intrat într-una dintre clădirile unde sunt chilii, în cea din fața părintelui și m-am ghemuit într-un colț. Am adormit câteva ore și când m-am trezit eram și înțepenit și înghețat. Începea slujba de dimineață. M-am îndreptat către biserică și l-am întâlnit pe părintele Pantelimon. Nu era uimit că mă vede. I-am spus că am înghețat și singurul lucru care l-a avut de spus a fost că am greșit când am adormit în curent. Știa.

Relatez această întâmplare pentru că am trecut prin multe ca să învăț și nu-mi pare rău. Nu-mi pare rău nici dacă alții învață pe o cale mai ușoară ceea ce am învățat eu. Ăsta a fost drumul meu și îmi place să mă uit în urmă la el. Măcar aceia care vin după alții, pe o potecă bătătorită, să o facă și ei ca lumea și atunci, împreună, vom fi mai mulți care, sper eu, slujim oamenilor și prin asta lui Iisus și Luminii. Mă deranjează însă cei care socotesc că merită să afle fără nici un efort din partea lor. Și care, ajunși la un anume moment al evoluției lor, uită de unde au plecat și pe umerii cui. Le aduc aminte că toți ne-am urcat pe umerii lui Iisus ca și creștini și pe ai lui Mikao Usui ca maeștri Reiki. Dacă sunt buni, pot ține ei postul de 40 sau 21 de zile. Și chiar și atunci ar mai fi ceva de făcut pentru ceilalți, pentru a rămâne precum cei amintiți în mintea și sufletele oamenilor.

Apropo de molitfe și de ritualul de citire a lor

Pentru fiecare molitfă se citesc trei catisme (seturi de psalmi grupați în 20 de catisme), ideal într-o zi de post negru. Se aprind 9 lumânări în cruce, simbolizând cele nouă cete de îngeri, și se stă în genunchi sau în picioare.

Când mergeam la părintele Argatu eram curios să-l întâlnesc pe demon și m-am gândit eu că să-l blestem era cea mai simplă modalitate. M-am dus frumos la Librăria Dacia și mi-am cumpărat un molitfelnic albastru. Seara, acasă, m-am așezat în pat și am citit molitfele. Nu m-au impresionat deloc. A doua zi m-am dus la Cernica, direct la părintele Pantelimon. I-am spus că am citit molitfele, dar nu am simțit nimic: s-a uitat mirat la mine și m-a întrebat cum le-am citit. I-am spus.

„A! Nu așa! mi-a replicat. Ca să aibă efect, trebuie citite în picioare sau în genunchi cu o lumânare aprinsă!"

M-am întors acasă și seara mi-am aprins o lumânare și m-am așezat în genunchi. Am citit molitfele. Nimic. Le-am mai citit odată. Supărat, am închis cartea: ceva nu mergea. Prietena mea de atunci, care mi-a devenit soție mai apoi și mai târziu ex-soție, nu știa nimic.

Ne-am culcat în seara aceea, eu foarte nedumerit pentru ceea ce mi se întâmplase. Că nu mi se întâmplase nimic, mai exact.

Dimineața însă m-am trezit într-un mod ciudat. În primul rând, greu. De abia mi-am deschis ochii. Apoi, nu după mult timp, am asistat la o neînțelegere total anapoda între mama și prietena mea. Era ca un spectacol absurd, demn de Gogol.

Reacția mea a fost una și mai și, am ieșit pe ușă spunând: „Sunteți proaste amândouă!" Cred că le-am șocat, pentru că eu nu prea vorbesc urât și cu atât mai puțin față de o iubită sau față de mama mea.

Țin minte că mergeam într-un ritm alert spre metrou și pe drum mă gândeam că totuși ceva nu este în regulă, că eu nu sunt așa. Și atunci mi-a picat fisa: venise demonul, dar nu așa cum aș fi crezut eu că o să îl văd față în față, ci era de-a dreptul în mine! Ce era de făcut acum?

M-am dus la Cernica, la părintele Pantelimon. Când m-a văzut, a început să râdă și și-a întors fața de la mine, iar mie îmi venea să-i smulg barba fir cu fir și să-l mușc de beregată, să-i sug sângele.

„Du-te la nașu'!" au fost singurele lui cuvinte. Și m-am dus la părintele Argatu. Când m-a văzut, mi-a spus: „Trei zile de post negru!" Și urmarea a fost că mi-a făcut trei molitfe pe zi, trei zile la rând, în post negru. A fost prima dată când am fost exorcizat.

Nu a fost singura dată, pentru că m-am încăpățânat să le citesc în continuare, până ce am aflat rețeta ca demonul să nu mă mai agațe. De aceea nu sfătuiesc pe nimeni să încerce, dar dacă totuși simt asta, să știe să o facă așa cum trebuie. Am adăugat și completările mele, pentru a fi actualizate la timpurile și nevoile noastre actuale. Urmează Molitfele Sfântului Vasile Cel Mare și rugăciunile pe care le fac eu pentru cei interesați.

MOLITFELE SFÂNTULUI VASILE CEL MARE
pentru cei care pătimesc de la diavol și pentru toată neputința, care se citesc și în ziua Sfântului Vasile cel Mare

(1)
Domnului să ne rugăm.

Dumnezeul dumnezeilor și Domnul domnilor, făcătorul cetelor celor de foc și lucrătorul puterilor celor fără de trup, meșterul celor cerești și al celor pământești, pe Care nimeni dintre oameni nu L-a văzut, nici poate să-L vadă; de Care se teme și se cutremură toată făptura; Cel ce a aruncat din cer pe căpetenia îngerilor, care din trufie și-a încordat grumazul oarecând și s-a lepădat de slujba sa prin neascultare, și pe îngerii cei împreună cu dânsul potrivnici, care s-au făcut diavoli, i-a aruncat în întunericul cel adânc al iadului, fă ca blestemul acesta, ce se face în numele Tău cel înfricoșător, să fie spre îngrozirea acestui povățuitor al vicleniei și a tuturor taberelor lui, care au căzut împreună cu el din lumina cea de sus, și pune-l pe fugă; și-i poruncește lui și diavolilor lui să se depărteze cu totul, ca să nu facă nici o vătămare acestui suflet pecetluit; ci acești pecetluiți să ia tăria puterii ca să calce peste șerpi și peste scorpii și peste toată puterea vrăjmașului. Că se laudă și se cinstește și de toată suflarea cu frică se slăvește preasfânt numele Tău, al Tatălui și al Fiului și al Sfântului Duh, acum și pururea și în vecii vecilor. Amin.

(2)
Domnului să ne rugăm.

Te blestem pe tine, începătorul răutăților și al hulei, căpetenia împotrivirii și urzitorul vicleniei. Te blestem pe tine, cel aruncat din lumina cea de sus și surpat pentru mândrie în întunericul adâncului. Te blestem pe tine și pe toată puterea cea căzută ce a urmat voința ta. Te blestem pe tine, duh necurat, cu Dumnezeu Savaot și cu toată oastea îngerilor lui Dumnezeu, Adonai, Eloi, Dumnezeul cel atotputernic; ieși și te depărtează de la robul lui Dumnezeu (N). Te blestem pe tine cu Dumnezeu, Care prin cuvânt toate le-a zidit și cu Domnul nostru Iisus Hristos, Fiul Lui cel Unul-Născut, Care, mai înainte de veci, în chip de negrăit și fără patimă, S-a născut dintr-Însul; cu Cel

*ce a făcut făptura văzută și nevăzută și a zidit pe om după chipul Său
și, mai înainte, prin legea firii l-a învățat acestea și cu priveghere
îngerească l-a păzit; cu Cel ce a înecat păcatul cu apă de sus și a des-
făcut adâncurile de sub cer și a pierdut pe uriașii cei necucernici și
turnul fărădelegilor l-a sfărâmat și pământul Sodomei și al Gomorei
cu foc și cu pucioasă l-a ars și spre mărturie fumegă fum nestins; cu
Cel ce marea cu toiagul a despărțit și pe popor l-a trecut cu picioarele
neudate, iar pe tiranul faraon și oastea cea împotrivitoare lui Dum-
nezeu, tabăra păgânătății, sub valuri de veci a înecat-o. Te blestem
cu Cel care, la plinirea vremii, din Fecioară în chip de negrăit S-a
întrupat și pecețile curăției întregi le-a păzit; Care a binevoit să spele
prin botez întinăciunea noastră cea veche, cu care noi prin neascul-
tare ne spurcasem. Te blestem pe tine cu Cel ce S-a botezat în Iordan
și ne-a dat nouă în apă, prin har, chipul nestricăciunii; de Care în-
gerii și toate puterile cerești s-au mirat, văzând pe Dumnezeu cel
întrupat smerindu-Se, când Tatăl cel fără de început a descoperit naș-
terea cea fără de început a Fiului și când pogorârea Sfântului Duh a
mărturisit unimea Treimii. Te blestem pe tine cu Cel ce a certat vân-
tul și a liniștit viforul mării; Care a izgonit cetele diavolilor; Cel ce
prin tină a dat vedere ochilor lipsiți de lumină ai celui orb din naștere
și a înnoit zidirea cea veche a neamului nostru și celor muți le-a dat
grai; Cel ce a curățit rănile leproșilor și pe morți din groapă i-a în-
viat; Cel ce până la îngropare cu oamenii a vorbit și iadul prin în-
viere l-a prădat și toată omenirea a întocmit-o să nu mai fie cucerită
de moarte. Te blestem pe tine cu Dumnezeu atotțiitorul, Care a în-
suflețit pe oameni și cu grai de Dumnezeu însuflat dimpreună cu
Apostolii a lucrat și toată lumea a umplut-o de dreapta credință. Te-
me-te, mântuiește-te, fugi, pleacă, depărtează-te, diavole necurate și
spurcate, Amin (de trei ori), cel de sub pământ, din adânc, înșelăto-
rule, cel fără de chip, cel văzut pentru nerușinare, nevăzut pentru
fățărie, oriunde ești sau unde mergi, de ești însuși Beelzebut, sau de
te arăți ca cel ce scutură, ca șarpele, sau ca fiara, sau ca aburul, sau ca*

fumul, ori ca bărbat, ori ca femeie, ori ca jiganie, ori ca pasăre, sau vorbitor noaptea, sau surd, sau mut, sau care înfricoșezi cu năvălirea, sau sfâșii, sau uneltești rele, în somn greu, sau în boală, sau în neputință, sau pornești spre râs, sau aduci lacrimi de dezmierdări; ori ești desfrânat, ori rău mirositor, ori poftitor, ori făcător de desfătare, ori fermecător, ori îndemnător spre dragoste necurată, ori ghicitor în stele, bobi, cărți, cafea, ori altceva, ori șezi în casă, ori ești fără de rușine, ori iubitor de vrajbă, ori fără astâmpăr; sau te schimbi cu luna, sau te întorci după un oarecare timp, sau vii dimineața, sau la amiază, sau la miezul nopții, sau în orice vreme, sau la revărsatul zorilor, sau din întâmplare te-ai întâlnit, sau de cineva ești trimis, sau ai năvălit fără de veste; sau ești din mare, sau din râu, sau din pământ, sau din fântână, sau din dărâmături, sau din groapă; sau din baltă, sau din trestie, sau din noroaie, sau de pe uscat, sau din necurăție; sau din luncă, sau din pădure, sau din copaci, sau din pasăre, sau din tunet, sau din acoperământul băii, sau din scăldătoare de ape, sau din mormânt idolesc; sau de unde știm, sau de unde nu știm, cunoscut ori necunoscut, sau din vreun loc nebănuit, pieri și te depărtează (de trei ori), rușinează-te de chipul cel zidit și înfrumusețat de mâna lui Dumnezeu. Teme-te de asemănarea lui Dumnezeu celui întrupat și să nu te ascunzi în robul lui Dumnezeu (N), că toiag de fier și cuptor de foc și iadul și scrâșnirea dinților te așteaptă, ca răsplătire pentru neascultare. Teme-te, mântuiește-te, taci, fugi, să nu te întorci, nici să te ascunzi cu vreo altă viclenie de duhuri necurate, ci du-te în pământ fără de apă, pustiu, nelucrat, unde om nu locuiește, ci este cercetat numai de Dumnezeu, Cel ce leagă pe toți care vatămă și uneltesc aupra chipului Său; Cel ce în lanțuri te-a aruncat în întunericul iadului, pentru noaptea și ziua cea lungă, pe tine diavole, ispititorul și aflătorul tuturor răutăților. Că mare este frica de Dumnezeu și mare este slava Tatălui și a Fiului și a Sfântului Duh, acum și pururea și în vecii vecilor. Amin.

(3)
Domnului să ne rugăm.

Dumnezeul cerurilor, Dumnezeul luminilor, Dumnezeul îngerilor celor de sub tăria Ta, Dumnezeul arhanghelilor celor de sub stăpânirea Ta, Dumnezeul măritelor domnii, Dumnezeul sfinților, Tatăl Domnului nostru Iisus Hristos; Cel ce ai dezlegat sufletele cele legate cu moartea și, prin Unul-Născut Fiul Tău, ai luminat pe omul cel pătruns de întuneric; Cel ce ai slăbit durerile noastre și toată greutatea ai ușurat-o și toată nălucirea vrăjmașului de la noi ai depărtat-o; și Tu, Fiule și Cuvântul lui Dumnezeu, Care, cu moartea Ta, ne-ai făcut pe noi nemuritori și ne-ai mărit cu slava Ta; Cel ce, cu învierea Ta, ne-ai dăruit nouă să ne ridicăm de la oameni la Dumnezeu, și ai purtat pe crucea Ta toată sarcina păcatelor noastre; Cel ce ai luat asupră-Ți sfărâmarea noastră și ai tămăduit-o, Doamne; Care ne-ai făcut nouă cale la ceruri și stricăciunea în nestricăciune ai prefăcut-o, auzi-mă pe mine, care cu dragoste și cu frică strig către Tine, Cel de a Cărui frică se topesc munții împreună cu tăria de sub cer; de a Cărui putere duhurile necuvântătoare ale stihiilor se cutremură, păzind hotarele lor; de a Cărui poruncă focul răsplătirii nu va trece hotarele ce i s-au pus, ci, suspinând, așteaptă porunca Ta; de a Cărui frică toată făptura se chinuiește oftând cu suspinuri negrăite și având poruncă să aștepte vremea sa; de Care toată firea cea potrivnică a fugit și oastea vrăjmașului s-a domolit, diavolul a căzut, șarpele s-a călcat și balaurul s-a strivit; prin Care neamurile ce Te-au mărturisit s-au luminat și s-au întărit în Tine, Doamne; prin Care viața s-a arătat, nădejdea s-a întemeiat, credința s-a întărit, Evanghelia s-a propovăduit; prin Care omul cel pământesc s-a înnoit crezând în Tine, că cine este ca Tine Dumnezeu atotputernic? Pentru aceasta, Te rugăm pe Tine, Dumnezeule al părinților și Doamne al milei, Cel ce ești mai înainte de veci și mai presus de fire, primește pe acesta care a venit la Tine pentru numele Tău cel sfânt și al iubitului Tău Fiu, Iisus Hristos, și al Sfântului și preaputernicului și de viață făcătorului

Tău Duh; izgonește din sufletul lui toată neputința, toată necredința, tot duhul necurat, scuturător, de sub pământ, din foc, nesuferit, poftitor, iubitor de aur, iubitor de argint, turbat, desfrânat, tot diavolul necurat, întunecat, fără chip și fără rușine. Așa, Dumnezeule, depărtează de la robul Tău (N) toată lucrarea diavolului, toată vraja, toată fermecătura, slujirea idolească, căutarea în stele, vraja cu mort, vraja cu pasăre, patima desfătării, iubirea trupească, iubirea de argint, beția, desfrânarea, nerușinarea, mânia, iubirea de ceartă, neastâmpărarea și tot cugetul viclean. Așa, Doamne, Dumnezeul nostru, insuflă într-însul Duhul Tău cel pașnic (de trei ori), ca, fiind păzit de El, să facă roade de credință, de fapte bune, de înțelepciune, de curăție, de înfrânare, de dragoste, de bunătate, de nădejde, de blândețe, de îndelungă-răbdare, de îngăduință, de smerenie, de pricepere, căci este rob al Tău, în numele lui Iisus Hristos, crezând în Treimea cea de o ființă și mărturisind-O împreună cu îngerii, arhanghelii, domniile cele mărite și cu toată oastea cerească. Păzește împreună cu dânsul și inima noastră, familiile, copiii și soțiile noastre și pe cei de față (N), că puternic ești, Doamne, și Ție slavă înălțăm, împreună și Unuia-Născut Fiului Tău și Preasfântului și Bunului și de viață Făcătorului Tău Duh, acum și pururea și în vecii vecilor. Amin.

Molitfele Sfântului Ioan Gură de Aur

care, de obicei, se citesc în continuarea Molitfelor Sfântului Vasile cel Mare

(4)
Domnului să ne rugăm.

Dumnezeule cel veșnic, Care ai izbăvit neamul omenesc din robia diavolului, izbăvește și pe robul Tău (N) de toată lucrarea duhurilor necurate; poruncește necuratelor duhuri și vicleniilor diavoli să se depărteze de la sufletul și de la trupul robului Tău (N) și să nu rămână, nici să se ascundă într-însul; să fugă, pentru numele Tău cel sfânt și al Unuia-Născut Fiului Tău și al făcătorului de viață Duhului Tău, de la zidirea mâinilor Tale ca, fiind curățit de toată ispitirea diavolului, să viețuiască cuvios, drept și cucernic, învrednicindu-se de curatele Taine ale Unuia-Născut Fiului Tău și Dumnezeului nostru, cu Care împreună ești binecuvântat și preaslăvit, cu Preasfântul și Bunul și de viață Făcătorul Tău Duh, acum și pururea și în vecii vecilor. Amin.

(5)
Domnului să ne rugăm.
Cel ce ai certat toate duhurile cele necurate și cu puterea cuvântului ai alungat legheonul, arată-Te și acum, prin Unul-Născut Fiul Tău, la făptura pe care ai zidit-o după chipul Tău, și o scoate pe dânsa, pentru că este asuprită de cel potrivnic; ca, fiind miluită și curățită, să se numere în turma Ta cea sfântă și să fie păzită ca o casă însuflețită a Sfântului Duh și a dumnezeieștilor și preacuratelor sfințenii. Cu harul și cu îndurările și cu iubirea de oameni ale Unuia-Născut Fiului Tău, cu Care împreună ești binecuvântat și cu Preasfântul și Bunul și de viață Făcătorul Tău Duh, acum și pururea și în vecii vecilor. Amin.

(6)
Domnului să ne rugăm.
Te chemăm pe Tine, Stăpâne, Dumnezeule atotțiitorule, preaînalte, neispitite, Împărate al păcii; Te chemăm pe Tine, Care ai făcut cerul și pământul, căci de la Tine au ieșit alfa și omega, începutul și sfârșitul. Cel ce ai dat și ai supus oamenilor spre ascultare dobitoacele cele necuvântătoare, tinde, Doamne, mâna Ta cea tare și brațul Tău cel preaînalt și sfânt, și cu cercetare cercetează făptura Ta aceasta și-i trimite înger de pace, înger tare, păzitor sufletului și trupului care să certe și să izgonească de la ea pe tot vicleanul și necuratul diavol. Pentru că Tu singur, Doamne, ești preaînalt, atotțiitor și binecuvântat în vecii vecilor. Amin.

(7)
Domnului să ne rugăm.

Dumnezeiasca și sfânta, marea și înfricoșătoarea și neîndurata numire și chemare facem spre izgonirea ta, potrivnice; așijderea și certare facem spre pierderea ta, diavole. Dumnezeul cel sfânt, Cel fără de început, Cel înfricoșător, Cel nevăzut în ființă, Cel neasemănat în putere și necuprins ca Dumnezeire, Împăratul slavei și Stăpânul atotțiitorul, Care cu cuvântul bine a întocmit toate din neființă în ființă și Care umblă pe aripile vânturilor, Acela te ceartă pe tine, diavole. Te ceartă pe tine, diavole, Domnul, Care cheamă apa mării și o varsă peste fața întregului pământ; Domnul Puterilor este numele Lui. Te ceartă pe tine, diavole, Domnul cel cu frică slujit și lăudat de nenumăratele cete cerești de foc, și cu cutremur închinat și slăvit de mulțimea cetelor de îngeri și de arhangheli. Te ceartă pe tine, diavole, Domnul, cel cinstit de puterile ce-i stau împrejur, de preaînfricoșații heruvimi cei cu ochi mulți și de serafimii cei cu câte șase aripi, care cu două aripi își acopăr fețele lor, din pricina Dumnezeirii Lui celei nevăzute și nepătrunse de minte, și cu două aripi își acopăr picioarele lor, ca să nu se ardă de slava cea negrăită și de măreția Lui cea necuprinsă cu mintea, și cu două aripi zboară și umplu cerul de strigarea lor: Sfânt, Sfânt, Sfânt Domnul Savaot, plin este cerul și pământul de slava Lui.

Te ceartă pe tine, diavole, Domnul, Dumnezeu Cuvântul, Care S-a pogorât din cer, din sânul Tatălui și prin întruparea cea mai presus de fire și curată din Sfânta Fecioară, în chip de, negrăit S-a arătat în lume ca să o mântuiască și, cu puterea Sa cea singură stăpânitoare, te-a aruncat din cer și cu totul lepădat te-a arătat. Te ceartă pe tine, diavole, Domnul, Care a zis mării: taci, liniștește-te; și prin poruncă îndată s-a liniștit. Te ceartă pe tine, diavole, Domnul, Care a făcut tină și lumină a dăruit orbului. Te ceartă pe tine, diavole, Domnul, Care pe fiica mai-marelui sinagogii cu cuvântul a înviat-o și pe fiul văduvei din gura morții l-a răpit și mamei lui întreg și sănătos l-a dăruit. Te ceartă pe tine, diavole, Domnul, Cel ce pe Lazăr din morți a patra zi, neputred, ca și cum n-ar fi fost mort și nestricat, l-a înviat, spre mirarea multora. Te ceartă pe tine, diavole, Domnul, Cel ce, lovit fiind cu palma, a stricat blestemul, și prin împungerea preacuratei Sale coaste a depărtat sabia cea de foc care păzea raiul. Te ceartă pe tine, diavole, Domnul, Care, prin scuiparea preacuratului Său obraz, a șters toată lacrima de la toată fața. Te ceartă pe tine, diavole, Domnul, Care a înfipt crucea spre întărirea și mântuirea lumii și spre căderea ta și a tuturor îngerilor de sub stăpânirea ta. Te ceartă pe tine, diavole, Domnul la al Cărui glas pe Cruce, catapeteasma Bisericii s-a rupt, pietrele s-au despicat, mormintele s-au deschis și morții cei din veac s-au sculat. Te ceartă pe tine, diavole, Domnul, Care, cu moartea pe moarte, a omorât și cu învierea Sa a dăruit viață oamenilor.

Să te certe pe tine, diavole, Domnul, Care S-a pogorât în iad și mormintele le-a scuturat și pe toți cei legați, care erau ținuți într-însul, i-a slobozit și la Sine i-a chemat; pe Care portarii văzându-L s-au spăimântat și cu oastea iadului ascunzându-se au pierit. Să te certe pe tine, diavole, Domnul, Care a înviat din morți, Hristos, Dumnezeul nostru, și tuturor a dăruit învierea Sa. Să te certe pe tine, diavole, Domnul, Care cu slavă S-a înălțat la ceruri, la Părintele Său, și a șezut de-a dreapta pe scaunul slavei. Să te certe pe tine, diavole, Domnul, care iarăși va să vină cu slavă pe norii cerului, cu sfinții Săi îngeri, ca să judece viii și morții. Să te certe pe tine, diavole, Domnul, Care ți-a gătit ție spre chinul veșnic focul cel nestins și viermele cel neadormit și întunericul cel mai adânc. Să te certe pe tine, diavole, Domnul, de Care toate se tem și se cutremură de fața puterii Lui, că de neîndurat și grozavă este mânia Lui asupra ta. Să te certe pe tine, diavole, Însuși Domnul cu numele Său cel înfricoșător.

Înfricoșează-te, cutremură-te, teme-te, depărtează-te, pieri, fugi, tu care ai căzut din cer și împreună cu tine toate duhurile cele viclene: duhul necurăției, duhul vicleșugului, duhul cel de noapte, cel de zi, cel de la amiaza zilei și cel de seară; duhul cel de la miezul nopții, duhul nălucirii, duhul cel ce iese în întâmpinare sau de pe uscat, sau din apă, sau din păduri, sau din trestie, sau din prăpastie, sau din răspântii, sau din trei căi, din bălți și din râuri; care cutreieri prin case, prin curți și prin băi, și vatămi și schimbi mintea omenească; degrab plecați de la făptura Ziditorului Hristos, Dumnezeul nostru, și vă depărtați de la robul lui Dumnezeu (N), din minte, din suflet, din inimă, din rărunchi, din simțiri și din toate mădularele lui, ca să fie el sănătos și cu totul întreg și slobod, cunoscând pe Stăpânul său și Ziditorul tuturor, Dumnezeu, Care adună pe cei rătăciți și le dă lor pecetea mântuirii prin nașterea și înnoirea dumnezeiescului Botez. Ca acesta să se învrednicească de preacuratele, cereștile și înfricoșătoarele Lui Taine, și să se unească cu turma Lui cea adevărată, sălășluindu-se în loc cu verdeață și hrănindu-se la apa odihnei, și fiind păstorit neîncetat cu toiagul crucii spre iertarea păcatelor și viața de veci. Că Aceluia se cuvine toată slava, cinstea, închinăciunea și marea cuviință, împreună cu Cel fără de început al Său Părinte, și cu Preasfântul și Bunul și de viață Făcătorul Său Duh, acum și pururea și în vecii vecilor. Amin.

Rugăciuni

Domnului să ne rugăm.

Doamne Iisuse Hristoase, Dumnezeul nostru, Cel mai înainte de veci, fără de început și de o ființă cu Tatăl cel fără de început, Dumnezeul cel viu, și cu Duhul Lui cel fără de început și nedespărțit, Care Te-ai pogorât din cer și neschimbat Te-ai făcut om, ca pe om de înșelăciunea diavolului și de chinuirea lui să-l liberezi și să strici toate facerile lui de rău cele diavolești; iar sfinților Tăi ucenici și Apostoli le-ai dat putere a călca peste șerpi și peste scorpii și peste toată puterea vrăjmașului, Ție acum noi nevrednicii slujitorii Tăi cu umilință ne rugăm caută cu milostivire spre casa aceasta și spre robii Tăi (N) și de supărările cele rele ale oamenilor celor vicleni, ale otrăvitorilor și descântătorilor, ale fermecătorilor sau fermecătoarelor și ale diavolilor celor vicleni, izbăvește pe acești bântuiți și învifora ți, pentru că Ție toate Îți sunt cu putință a le risipi cu iubirea de oameni și în nimic a le face și a le întoarce; pentru ca fără ispite să petreacă credincioșii robii Tăi (N), și de acele supărări, să petreacă în pace și animalele și toate cele din cuprinsul casei lor. Că Tu ești Dumnezeul nostru, Care ne miluiești și ne mântuiești, și Ție slavă înălțăm, împreună și Părintelui Tău celui fără de început și Preasfântului și Bunului și de viață Făcatorului Tău Duh, acum și pururea și în vecii vecilor. Amin.

Domnului să ne rugăm.

Va blestem pe voi, atotviclenilor, începătorii răutăților, blestematilor și urâților diavoli, de oriunde sunteți și oricâți sunteți, pe voi care otrăviți și fermecați locurile și casele oamenilor, ale robilor lui Dumnezeu (N), pe voi, lucrătorii răutăților, împreună cu cel ce s-a dat pe sine vouă, vicleanul om, ca să fiți aduși casei acesteia să o supărați și cu rele năluciri și cu bântuielile voastre să supărați și să necăjiți pe cei care locuiesc în ea și împrejurul ei. Ci cu toată puterea numelui, a unuia Atotțiitorului Dumnezeu, în Sfântă Treime slăvit, a Tatălui și a Fiului și a Sfântului Duh, și cu puterea cinstitei și de viață făcătoarei Cruci și a mântuitoarelor Lui patimi, a morții celei de viață făcătoare a Domnului și Mântuitorului nostru Iisus Hristos, cu a Cărui putere toate cele întunecate ale voastre, și stăpâniile și chipurile cele împotriva a toată zidirea lui Dumnezeu, și chinuirea și stricăciunea voastră, ca pe o nimica le-a stins; cu tărie poruncesc vouă, viclenelor duhuri, degrab să fugiți de la casa aceasta și de la cei ce locuiesc în ea și împrejurul ei, cu toate descântecele și otrăvurile și farmecele voastre; iar de acum niciodată să nu vă mai întoarceți la ea ca să o supărați și nicidecum să nu mai zăboviți, o, blestemaților și lepădaților, ci să vă depărtați de aici cu toate facerile voastre de rău și să dați loc puterii lui Dumnezeu și nemăsuratei Lui milostiviri și harului Lui care zdrobește toate facerile voastre de rău.

Să vă certe pe voi puterea lui Dumnezeu, Care a certat pe vrăjitorii lui Faraon, și nălucirile farmecelor lor le-a făcut fără putere. Să vă certe Acela cu puterea Căruia poruncind marele Pavel apostolul a făcut neputincioasă puterea vicleșugului vostru și a orbit pe Elima vrăjitorul cel plin de toată înșelăciunea și răutatea, vrăjmașul a toată dreptatea și diavolul, cu care voi mult stricați Si căile Domnului le răzvrătiți. Să vă certe pe voi Acela cu al Cărui nume a poruncit marele Pavel apostolul duhului pitonicesc și l-a izgonit din fiica aceea care, cu descântecele ei, câștig mare da domnilor săi. Si precum Iustina, cu semnul crucii lui Hristos Dumnezeul nostru, cu puterea Lui fiind îmbrăcată, pe oamenii vrăjitori și pe voi diavolii v-a biruit, nimica voi sporind; încă și pe vrăjitorul și slujitorul vostru Ciprian la slujirea Adevăratului Dumnezeu l-a adus și voi de frică și de cutremur fiind cuprinși ați fugit; așa și acum să cadă peste voi și să vă apuce spaimă, cutremur și frică de la Dumnezeu atotțiitorul, Tatăl și Fiul și Sfântul Duh, Cel ce vă va doborî pe voi în focul cel nestins și veșnic și fără de sfârșit, și în el să vă chinuiți în veci. Amin.

Rugăciunea Sfântului Ciprian

Stăpâne Doamne Iisuse Hristoase, Dumnezeul nostru, Creatorule și Chivernisitorule a toate, Sfânt și slăvit ești; Împăratul Împăraților și Domnul domnilor, slavă Ție. Tu, Cel ce locuiești în lumina cea nepătrunsă și neapropiată, pentru rugăciunea mea, a smeritului și nevrednicului robului Tău, depărtează demonii și stinge viclenia lor de la robii Tăi; revarsă ploaie la bună vreme peste tot pământul și fă-l să-și dea roadele lui; copacii și viile să-și dea deplin rodul lor; femeile să fie dezlegate și eliberate de nerodirea pântecelui; acestea și toată lumea mai întâi fiind dezlegate, dezleagă și toată zidirea de toate legăturile diavolești, și dezleagă pe robul Tău (N) împreună cu toate ale casei lui de toate legăturile satanei, ale magiei, ale farmecelor și ale puterilor potrivnice.

Împiedică Tu, Doamne Dumnezeul părinților noștri toată lucrarea satanei, Tu Cel ce dai dezlegare de magie, de farmece, de vrăji și de toate lucrările satanicești și de toate legăturile lui, și distruge toată lucrarea vicleană prin pomenirea Prea Sfântului Tău nume.

Așa, Doamne, Stăpâne a toate, auzi-mă pe mine nevrednicul slujitorul Tău și dezleagă pe robul Tău (N) de toate legăturile satanei și dacă este legat în cer, sau pe pământ, sau sub pământ, sau cu piele de animale necuvântătoare, sau cu fier, sau cu piatră, sau cu lemn, sau cu scriere, sau cu sânge de om, sau cu al păsărilor, sau cu al peștilor, sau prin necurăție, sau menstruație, sau în alt chip s-au abătut asupra lui, sau dacă din altă parte au venit, din mare, din fântâni, din morminte, sau din orice alt loc, sau dacă a venit prin unghii de om, de animal, sau gheare de pasăre, sau prin șerpi (vii sau morți), sau prin pământul morților, sau a apei cu care se spală morții, sau banii care se pun în mâna sau pe ochiul morților, sau legăturile cu care se leagă mâinile sau picioarele morților, sau de sunt farmece făcute pe căiță, sau dacă a venit prin străpungere de ace ale păpușilor, sau de sunt farmece aruncate pe apă curgătoare sau în foc, sau de sunt făcute pe argint viu, pe bani, mâncare sau țărâna luată din urmă, pe cheagul de lapte, pe sporul casei, dezleagă-le pentru totdeauna, în ceasul acesta, Doamne, cu puterea Ta cea mare.

Tu Doamne, Dumnezeul nostru, Care cunoști și știi toate, dezleagă, sfărâmă și distruge, acum, lucrările magiei, iar pe robul Tău (N) păzește-l cu toți ai casei lui, de toate uneltirile diavolești. Zdrobește, cu însemnarea cinstitei și de viață făcătoarei Cruci, toate puterile potrivnicilor. Pustiește, distruge și depărtează, pentru totdeauna, toate lucrările magiei, vrăjitoriei și fermecătoriei de la robul Tău (N).

Așa, Doamne, auzi-mă pe mine păcătosul slujitorul Tău și pe robul Tău cu toți ai casei lui, și dezleagă-i de demonul de amiază, de toată boala și de tot blestemul, de toată mania, nenorocirea, clevetirea, invidia, farmecele, descântecele, argintul viu, nemilostivirea, lenea, lăcomia, neputința, prostia, neînțelepciunea, mândria, cruzimea, nedreptatea, trufia, și de toate rătăcirile și greșalele, știute și neștiute, pentru Sfânt numele Tău, că binecuvântat ești în veci. Amin.

Biruindu-se taberele diavolilor de harul ce locuia întru tine se gonesc și se depărtează patimile celor bolnavi Cipriane, iar noi credincioșii umplându-ne de dumnezeiască lumină, grăim: binecuvântați lucrurile Domnului pe Domnul!

Apoi, luând preotul apă sfințită de la Botezul Domnului (iar, dacă nu are, să facă sfințirea cea mică a apei), stropește casa și locul casei pe din afară, cântând troparul de mai jos pe glasul al 5-lea, ținând crucea în mână și botezând pe cei din casă:

Înviază Dumnezeu risipind vrăjmașii Lui și fugind de la fața Lui cei ce-L urăsc pe Dânsul. Precum se împrăștie fumul și nu mai este, precum se topește ceara în fața focului, așa să piară diavolii cei fermecători și descântători de la fața Lui Dumnezeu iar robii aceștia să se bucure de Domnul și să se veselească.

Să fugă și să se depărteze de la casa aceasta tot vicleanul diavol și otrăvirea, și farmecele, descântecele și argintul viu prin stropirea acestei ape sfințite și niciodată să nu se mai întoarcă, ci să se stingă în numele Tatălui și al Fiului și al Sfântului Duh, Amin.

Am o completare de făcut și anume că molitfele, ca rugăciuni, sunt cu EBF mic. Adică, din punct de vedere al energiei benefice, nu sunt chiar 100% pozitive. Și, dacă stăm bine să ne gândim, asta este normal, pentru că blestemul este negativ, indiferent față de cine se face asta. Există forme mult mai bune și mai puțin traumatice de a exorciza. Molitfele folosesc arhanghelii și ei nu au milă de demoni. De abia din cerurile următoare, unde spiritualitatea și conștiința este mai mare, apar entitățile spirituale care nu sunt războinice. Ele au destulă lumină ca să treacă ușor peste demonii care sunt orbiți și arși de lumina lor. Este adevărat că arhanghelii se află în linia întâi a frontului dintre bine și rău și poate că de asta sunt mai încrâncenați.

Ceea ce voiam să spun este că, în timp, am realizat că nici măcar demonul nu trebuie chinuit și este destul să ai lumină pentru ca el să plece singur.

CAPITOLUL 10

Din nou despre karmă

Am considerat necesar să mai fac câteva precizări referitoare la această problemă, întrucât au venit la mine mai multe persoane cu idei dintre ele mai ciudate, care m-au făcut să cred că am scris oarecum degeaba.

O luăm sistematic. Este un exemplu pe care îmi face plăcere să-l dau în cursurile mele.

Să zicem că sunt o femeie frumoasă, superbă aș zice, și că am ales să-mi câștig existența ca stripteuză într-un bar dintr-un colț de lume. Sunt cuminte, deci nu mă prostituez. Nu mă culc cu bărbații care vin să mă privească dansând obscen la bară. Îi simt și îi agit pe bărbații care se uită la mine și îmi face plăcere modul cum mă admiră, cum mă doresc. Dintr-un anume motiv (karmic), care mie îmi scapă, întrucât nu îl conștientizez, mă bucur că nu-i satisfac și că doar îi agit. Evident că mai și câștig mulți bani din asta. Privirile lor mă fac să mă simt frumoasă, puternică și stăpână pe ei. „Uită-te și la ăsta cum se uită la mine-n p... parcă așteaptă ceva să iasă de acolo!" gândesc despre ei. „Niște proști numai buni de muls bani degeaba!" Îmi continui munca timp de zece ani, timp în care am trezit instinctele a mii sau zeci de mii de bărbați! Am creat în univers o formă gând plină cu dorințe sexuale neîmpărtășite, o energie care produce un dezechilibru. Dar TOTUL ÎN UNIVERS TINDE SĂ SE ECHILIBREZE! Evident că această formă gând, ca un nor roșu, poartă informațiile mele, așadar mă va urma până la sfârșitul universului dacă ea nu se eliberează sau nu este sublimată.

Și mor. M-a lovit o mașină și am trecut dincolo. Energia pe care eu am creat-o cu faptele mele rămâne însă în dimensiunea asta. Nu am avut un preot bun care să mă elibereze de ce am făcut, indiferent pe cât de mulți bani.

Mă întorc din lumea spirituală. Mă reîncarnez tot în fetiță. Energia, dacă nu este controlată, este precum orgasmul sau o bombă atomică. Se acumulează, se acumulează energie până face BUM!

Și am zis că m-am născut fetiță și cresc și mă joc și sunt un copil normal care am uitat ceea ce am făcut în viața mea trecută. Am și eu vreo zece anișori și ies pe stradă. Norul este după mine. Neșansa sau șansa vieții face să mă întâlnesc cu un bețiv. Ce este un bețiv? Un om care, după ce a băut, este deschis complet către lumea spirituală ca un canal inconștient de el însuși. Și așa sunt oameni cu probleme în a-și controla instinctele (slabi de înger, adică în sensul că au o protecție divină mică și o conștiință a răului și binelui și mai mică). Și norul acela tinde să se manifeste, trece prin bețivul respectiv, care devine un posedat de energia karmică a fetiței! Și mă violează! Cine este de vină? Bețivul, spune legea umană. Amândoi, spune legea divină. Nu întâmplător bețivul era în același loc cu fetița. Există în psihologie ceea ce se cheamă profilul victimei. Victimele, indiferent că este vorba de viol sau crimă, au un profil special care la ora actuală a fost oarecum stabilit.

„Uite un misogin mascat care zice că, dacă a fost violată, femeia aia își merita soarta!" ar zice o doamnă despre mine. Nu spun exact așa. Sunt însă de principiu că nimic nu este întâmplător și că un lucru din trecut determină o succesiune de momente actuale și viitoare precum un șirag de mărgele. Privit așa, viitorul poate fi schimbat sau îmbunătățit pentru binele omului.

La un moment dat, se discuta despre profesorul care a tăiat penisul pacientului și se punea problema vinii celor implicați. Eu unul am pus o întrebare simplă? De ce nu am fost eu în locul celui căruia i s-a amputat cel mai prețios membru, din această societate? Apropo de asta, în lumea noastră am văzut falusuri pe post de statui de toate dimensiunile, dar nici un creier. De unde rezultă ce suntem noi ca omenire!

Și de ce a fost el? Dacă ar căuta undeva în adâncurile ființei, mai mult ca sigur că cel afectat ar descoperi că a făcut ceva de genul ăsta în viețile trecute, când poate că nu exista pedeapsă.

Dacă ne gândim că experiențele prin care trecem sunt îngăduite ca să plătim ceea ce am făcut greșit anterior, în viețile noastre trecute, și să învățăm, dispare dorința de răzbunare, care cred că este cel mai nociv sentiment existent în oameni.

Așadar sunt fetiță și am fost violată. Trauma violului, imposibilitate de a face dragoste ca pedeapsă pentru faptul că am greșit împotriva dragostei fizice este o măsură de ispășire a dezechilibrului pe care eu însămi l-am creat în univers. PUNCT.

Arderea karmei

La un moment dat, vine la mine o doamnă și îmi spune, printre alte inepții, că și-a ars karma. Am rămas tablou. Fac terapie în fiecare zi, mă mai rog, mai postesc, încerc să dau din prea plinul meu și la alții. Mă rog, fac chestii din astea creștinești cât pot și eu, dar nu am reușit să ies de sub legea karmei! Mă uitam la ea și nu-mi venea să cred. Nu levita, nu învia morții, nu emana lumină!

Făcuse tehnică radiantă până la gradul 2 și fusese învățată că trimițând lumină în trecut se arde karma. STUPIZENIE.

Ce să-i spun, ce să-i spun să înțeleagă?

„Doamnă, vă trag o palmă de vă lipesc creierii de pereți!" i-am spus. S-a uitat perplexă la mine și nu i-a venit să creadă.

„Nu vă faceți probleme pentru mine după ce plecați, o să trimit lumină pentru acest moment și mă voi reîntoarce în Legea Iubirii!"

Cum ochii ei deveneau tot mai mari și mai mirați, i-am explicat:

„Credeți că, dacă trimit lumină în urmă, o să mă iertați pentru faptul că v-am lovit?"

„Nu cred!" a răspuns ea.

„Așa este și cu karma. Nimeni din cer. Nici Dumnezeu, nici Maica, nici Iisus Hristos nu-mi pot da iertarea pentru durerea fizică sau sufletească pe care am pricinuit-o unui om. Pentru a mă elibera de karma de a fi rănit un om este necesar ca acesta să mă ierte. Că Dumnezeu Tatăl, Fiul, Sfinții, Maica pot interveni pentru mine întrucât m-am întors cu fața către cer, este altceva. Iisus a plătit pentru mine DACĂ cel pe care l-am rănit acceptă schimbul. Dacă nu, sunt bun de plată!

Dumnezeu poate să-mi ierte datoria pe care eu o am față de El, eu pot alege dacă iert pe alții sau nu și să încerc să îmi ispășesc datoria față de cei cărora le-am greșit în viețile trecute.

Plata karmică relativ la un om se poate face prin:
- durere fizică: bărbații care bat femei sau copiii bătuți;
- durere sufletească: neîmpărtășirea sentimentului de iubire de către un partener;
- înșelare: a prietenilor, soților, unul față de altul, părăsirile de către părinți, iubiți etc.;
- boală: suntem legați karmic unii față de alții, de multe ori cei de lângă noi sunt bolnavi din cauza neiertării noastre față de cei pe care pretindem că îi iubim, dar pe care, la nivel de sine, îi urâm de-a dreptul! De cele mai multe ori, în lumea asta sunt puși unii lângă ceilalți victimele și călăii, iar prin boală, prin chinurile zilnice pe care le văd la foștii lor călăi, victimele ajung să-i ierte;
- bani: mulți dintre cei care au fot chinuiți în alte vieți acceptă plata prin bani a chinurilor lor la nivel spiritual, de aceea sunt întreținuți de oameni care, deși nu ar vrea, continuă să pompeze bani în cei pe care nici nu-i mai iubesc, dar nici nu se pot debarasa de ei;

– sex: în cazul cuplurilor de la care iubirea și dorința sexuală a dispărut demult, dar care nu pot pleca până nu ispășesc tot. Fiecare apropiere fizică este resimțită la nivel interior de cel care ispășește prin asta (de obicei femeia) ca o osândă.

Vin la un moment dat la mine două doamne și una îmi spune: „Dar, domnule doctor, eu pot da iertarea prietenei mele pentru ce a făcut în viețile anterioare!"

„Eu nu pot, doamnă! Înseamnă că sunteți mai bună decât mine!" Și am continuat cu o variantă a aceluiași exemplu. „Îi trag o palmă prietenei dumneavoastră, că așa îmi vine mie acum! Puteți să-mi dați și mie iertarea ei după ce-i schimb fizionomia?"

„Nu, nu pot!" veni răspunsul doamnei.

„Ei, vedeți de ce nu pot da iertare tuturor? Fiecare trebuie să primească iertarea de la victimele lui și să-și ierte la rândul lui călăii pentru a se putea elibera!"

A mai venit odată o doamnă și tot de la tehnica radiantă. Era speriată pentru că avusese probleme mari deoarece fusese învățată că, transmițând lumină la distanță și în trecut, nu i se întâmplă nimic. Și ea transmisese voinicește! Doar că nici ea, nici cei care o învățaseră, nu înțeleseseră că trăim într-un univers guvernat de principii clare. Unul dintre ele este cel al acțiunii și al reacțiunii! Energia luminoasă pe care o trimiți dislocă o energie întunecată din urmă care vine peste cel care a emis lumina! Și ea a primit deodată ceea ce făcuse în vieți întregi. Normal că a ajuns în spital. Este recomandat ca transmiterea de lumină la distanță în timp să se facă în reprize scurte, de 5-10 minute, special ca să nu vină peste tine un tsunami negru!

În ceea ce privește problemele părinților cu copiii, ele sunt tot o formă de eliberare karmică. Am avut mai multe cazuri când copiii care poate că au mai puțină vină manifestă agresivitate față de părinți sau alte lucruri ca formă de plată a părinților. Ca să fiu mai explicit. Părinții sunt niște posedați din cauza păcatelor lor, dar pot stăpâni răul din ei. Au ajuns la un fel de simbioză. Dar răul tinde să se manifeste pe calea minimei rezistențe: copiii. Aceștia fac tot soiul de probleme. De la lipsa de adaptare față de societate, la boli psihice sau fizice. Vindecarea copiilor se reduce de fapt la vindecarea spirituală a părinților sau a bunicilor!

Mai am un caz al unei doamne care este credincioasă. Karma ei este însă grea și este „neagră" ca lumină personală. Se duce la biserică și în felul ăsta răul din ea iese afară, dar pentru că nu-l plătește integral și pentru că preotul la care merge nici nu-l preia el, demonul rămâne lângă ea, nervos și supărat de incursiunile în spațiile divine. Are un fiu olimpic la matematici, un băiat bun în fondul lui, dar aflat la începutul urcușului spiritual și mai slab în fața răului. Prin el se manifestă demonul doamnei la modul că are crize psihotice, momente în care este dus la ospiciu. Din păcate, doamna a ajuns la un preot ortodox care nu acceptă ideea de karmă și tratamentele mele, deși fiul mă caută. Nu pot să-l ajut pentru că ar trebui tratată mama, nu el. Vine, exorcizez răul din el, dar fiind al mamei se întoarce la ea. Ea se duce iar la biserică și răul iese și iar intră în cel mic, care ajunge la spital. Și asta pentru că ortodoxia nu recunoaște karma, reîncarnarea și legile karmei. Până ce nu va fi reglementată și de biserică într-un fel sau altul ideea de karmă, nu putem conlucra cu preoții ortodocși decât tacit, cu acei câțiva care au ajuns la un nivel de cunoaștere sprituală la care văd că adevărul nu este în totalitate ca în dogmatica ortodoxă.

De ce viața de călugăr este o modalitate de eliberare de karmă?

Simplu. Prin rugăciune se poate începe înălțarea spirituală. Pe măsura creșterii vibrației, ies la iveală legăturile karmice, stringurile care ne leagă de cei cu care am fost iubiți, căsătoriți, mentori, copii și părinți, dușmani sau altele. Încep plățile karmice care înseamnă plata păcatelor celor pe care i-am chinuit și ajutorul din partea celor care ne-au chinuit. Din cauza asta, călugărul are menirea să se roage pentru lume. La el însă ajung mai multe tipuri de oameni, cei pe care îi trimite Dumnezeu pentru planurile lui, cei față de care călugărul are datorii karmice ca să se elibereze amândoi, și om și călugăr, și cei care sunt dușmanii la nivel spiritual ai călugărului și față de care el are datorii, care vin de obicei ca să îl chinuie.

Există un grad spiritual la care, dacă ajunge, un om sau un călugăr nu mai poate fi atins nici de oameni, nici de demoni, nici de vrăjitori. Până atunci însă are de plătit.

Nu înțelegeam ce spunea părintele de faptul că îi trebuie cinci ani ca să facă dintr-un om un sfânt. Un sfânt este un eliberat de legile karmei. Nu neapărat cei din calendar, cei cu adevărat eliberați. Sunt mulți dintre ei aleși ai lui Dumnezeu pentru a-Și arăta prezența, deși oamenii aceia nu au ajuns la sfârșitul reîncarnărilor lor pe acest pământ. Mai urmează ceea ce în Apocalipsă este numită ultima ispită a celor drepți.

Fiecare viață este ca un nou munte pe care trebuie să-l urcăm din nou, îmi spunea un radiestezist. Câștigătorii sunt cei care, de fiecare dată, ajung în vârf. Nu mai contează ceea ce ai făcut în alte vieți, ce vârfuri ai urcat. Te ajută experiența câștigată în fostele ascensiuni și protecția divină căpătată odată cu acestea. Rememorarea vieților și suprapunerea lor îți dau puterea de a aplica ceea ce ai învățat în ele relativ la lumea spirituală, lume și viață.

Mai există o problemă. Poate apărea următoarea situație. Într-un cuplu în care unul dintre parteneri îndură multe mizerii din partea celuilalt. La prima vedere este o victimă. Cercetând mai atent, se poate descoperi că acela care pare bun are o karmă grea, reprezentată de multă energie negativă care vine din trecut și care este proiectată pe partenerul lui. Acesta din urmă nu o poate stăpâni și o manifestă ca răutate față de cel care părea victima. În acest caz se poate spune despre cel rău că este „oglinda" celuilalt.

Am cunoscut un radiestezist care din milă a intervenit într-un caz disperat al unei fete care avusese un accident. A salvat-o, dar nu a știut că lângă ea se afla Îngerul Morții, care o aștepta să plece. Sunt asemenea oameni care pot interveni în destinele altor oameni. Este adevărat că fata a scăpat, dar el a plătit prețul. A fost lovit peste picioare de sabia Îngerului, motiv pentru care nu mai poate merge. Am pierdut legătura cu el, așa că nu pot spune dacă și-a revenit. În concluzie, o altă formă de preluare a karmei este intervenția în pragul morții fără drept divin, „pe cine nu lași să moară, nu te lasă să trăiești" spune un vechi proverb românesc.

Iubirea ca formă de plată karmică

Karma este interconectată cu toate – boală, iubire, ură, nașteri și morți, politică și războaie – nu este nimic care să nu aibă ceva karmic. Deocamdată.

Eu niciodată nu am avut mobilitate coxofemurală. Cu cât mai mult încercam să fac mobilitate, cu atât parcă mi se blocau mai mult picioarele. La un moment dat antrenându-mă cu profesorul meu de Wu Shu Santa, stilul de full contact chinezesc, simt că dintre picioare începe să se deblocheze o energie negativă. Mă duc acasă și încep să caut. Și descopăr că nu era din viața asta, că era de la un bărbat care îmi fusese antrenor și în altă viață și care crease, împreună cu școala unde absolvisem, o formă gând care îmi blocase puterea de a mai folosi picioarele în artele marțiale. Motivele erau mai multe. Primul, că știind să lovesc cu piciorul din săritură le cam rupeam gâturile, și al doilea că special încercase să mă oprească pentru a putea fi învins de un alt elev de-al lui. Am curățat ore în șir în ziua în care am aflat și nu am reușit să anihilez decât 30% din forma gând de atunci. Nici măcar nu mai era problema mea pentru că, între timp, după sute de vieți, m-am schimbat. Curios este că în viața asta întotdeauna mi-a pus opreliști în a urca, a-mi da examenele de centură, chiar dacă la nivel inconștient, deși rememorând relația mea cu el am încercat tot timpul să-mi repar vina de a fi folosit cunoașterea pe care mi-o dăduse ca maestru de arte marțiale omorând oameni.

Nu numai ura este un instrument al plăților karmice, ci și iubirea. Iubirea nu știi de unde apare, când se duce și unde te mai duce. Este instrumentul prin care suntem cel mai ușor manipulabili. În creștinism, aici mă refer la vechii pustnici, era socotit un instrument al diavolului.

În cărțile de rugăciuni se vorbește despre „demonul care mi-a rănit inima". Ideea este că, din punct de vedere divin, iubirea sexualizată este un păcat și are o conotație demonică!

CAPITOLUL 11

Schemele, rezistențele interioare și modelele parentale

Ce sunt schemele? În interiorul subconștientului nostru se formează modele după care reacționăm în diverse situații. Condusul automobilelor sau pilotajul unui avion este o formă de schemă care ne permite să reacționăm la un stimul, într-o anumită situație, fără să gândim. Schemele șuntează conștientul. Nici un pilot de formulă nu va avea timp să gândească o acțiune. La fel, un practicant de arte marțiale sau o gimnastă care își face exercițiul la bârnă. Toate acestea sunt scheme construite în timp și stocate la nivel de câmp ca energie și la nivel de subconștient ca formă gând. Sunt programe elaborate și construite prin muncă și mii de repetări. Mai există însă și scheme negative, de multe ori induse de părinți sau situații prin care am trecut prin viață

Mă plimbam prin parc și în fața mea venea un copil pe o tricicletă. A făcut un viraj strâns și a căzut. Impacientată, mama s-a repezit la el și l-a ridicat. L-a pupat și l-a mângâiat până ce s-a oprit din plâns. Sigur că pare un mod ideal de a crește un copil, dar, fără să vrea, mama lui creea o schemă după care el va „funcționa" toată viața: va aștepta întotdeauna pe cineva care să-l ridice de jos, indiferent de situația în care se va afla! Concluzia este că, de multe ori, părinții ne pot face mai mult rău decât bine. Cred că era corect să-l lase să se ridice singur și l-ar fi ajutat mai mult pentru viitor, determinându-l să se ridice singur în orice situație.

Spuneam că eu unul funcționam după o altă schemă, nu foarte bună, dar de data asta creată de o situație. Aveam vreo nouă ani când am făcut cu părinții turul României. Sora mea, mai mare, știa să înoate, astfel că, ajunși pe malul Someșului, făcea traversări ale râului. M-am luat după ea și am căzut într-o groapă din apă de unde fusese excavat nisip. Am văzut doar cum mă duc la fund și cum lumina scade pe măsură ce mă adânceam în apă. Deodată, o mână salvatoare m-a scos de păr pe mal. Era un bărbat care mă văzuse cum mă duceam la fund. Cam la fel mă băgam în situații dintre cele mai ciudate, unele chiar periculoase, din care, din străfundurile mele, așteptam să mă scoată cineva. Mi-a trebuit ceva timp și o analiză personală ca să o demontez și să nu mai fac asta.

La fel, sunt multe modele după care reacționăm în diferite situații, pe urmă ne întrebăm de ce. Un exemplu de schemă este reacția de apărare a femeilor care au fost violate sau care au avut o experiență negativă în relația cu un bărbat. Reacții ale noastre în aceste scheme au rădăcini în trecutul nostru actual, viața asta sau în viețile noastre trecute. Conștientizarea schemei, găsirea situației în care s-a format și demontarea ei duce la eliberarea de ea. Bineînțeles că sunt scheme care pot fi induse de către cei care stăpânesc magia sau tehnicile NLP, dar folosirea lor în afara antrenamentelor PSI sau terapie fără acordul persoanei căreia îi sunt aplicate se socotește încălcarea liberului arbitru și se pedepsește din punct de vedere divin.

Schemele au însă și partea lor pozitivă. Demontarea și înțelegerea lor va putea scurta timpul de pregătire și antrenare a soldaților de elită, a piloților și a sportivilor.

În Reiki, schimbarea acestora se face cu ajutorul simbolurilor Zonar, Halu și Harth. Mai exact, ne putem folosi de ajutorul arhanghelilor Gavril, Rafail și al Maicii Domnului. Protecția împotriva celor care se ocupă de magie și induc dorințele lor celorlalți se poate face tot cu ajutorul entităților spirituale pe care le-am menționat.

Odată descoperite, schemele pot fi anihilate folosind lumina și algoritmi specifici, fie din radiestezie fie adaptați momentului și omului căruia i se adresează.

Rezistențele interioare

Se datorează unor percepții greșite asupra lumii și își au originea în copilărie sau în alte vieți. În jurăminte, de exemplu, care au fost făcute în alte vieți. În concepții religioase induse de cineva sau învățate greșit.

O persoană crescută într-un mediu religios habotnic va avea întotdeauna probleme și frustrări sexuale.

La un moment dat a venit la mine o femeie care era căsătorită de cinci ani. De când se căsătorise, nu se culcase cu soțul ei niciodată! Încercase, dar înainte de penetrare intra în criză. Îl respingea violent pe soțul ei. Au rămas să locuiască împreună ca frații. Se purtau de parcă erau prieteni, nu soți. Am aflat că avusese o bunică care, pe măsură ce creștea, îi repeta în fiecare seară, la culcare, că fetele care se culcă cu băieți sunt niște curve și sunt demne de tot disprețul. Așa că ajunsese să considere dragostea fizică dintre doi oameni drept cel mai abominabil lucru. Nu numai că nu a mai putut să lase nici un bărbat să se apropie, dar repulsia ei a continuat, deși a conștientizat că nu este în regulă ceea ce întâmplă cu ea.

O altă cauză a rezistențelor interioare sunt experiențele negative din alte vieți. Cazul despre care am vorbit are o rădăcină și în trecutul mai îndepărtat al femeii care s-a manifestat prin bunică. În general, din punct de vedere karmic, fiecare om plătește prin lucrul față de care a greșit. În cazul ei, probabil este vorba despre dragostea fizică.

Modelele parentale

Un alt lucru care ne determină într-o oarecare măsură comportamentul sunt părinții și obiceiurile lor. Fără să vrem, preluăm de la ei modul de comportament și multe dintre schemele lor transmise prin câmpuri. Fără să vrem, deținem în noi ceea ce Freud numea subpersonalitățile materne și paterne. Din păcate, nu toate informațiile care ni le aduc sunt pozitive și cele cu care rezonăm mai mult devin dominante.

Schemele, rezistențele interioare, modelele parentale negative, trebuie mai întâi descoperite, conștientizate, apoi anihilate și înlocuite prin altele pozitive.

CAPITOLUL 12

Pe scurt, despre copiii indigo și cei de cristal

Din cauza creșterii prepoderenței răului pe pământ, în cer s-a hotărât coborârea spiritelor cu lumina interioară mare raportat la cei de pe planeta noastră. De aici apar tot felul de probleme care trebuie soluționate de cei care au cunoaștere și care îndrumă oamenii spre valorile spirituale.

Care sunt caracteristicile acestor copiii? De cele mai multe ori vorbesc târziu sau deloc, asta datorită faptului că acolo de unde vin principala formă de comunicare este aceea telepatică. Au nevoie fie de stimulente, fie de constrângeri, pentru a vorbi. Să nu se înțeleagă greșit. Prin constrângere se înțelege să fie obligați să numească lucruri pentru a le primi. Dintr-o idee greșită sau un sentiment total nepotrivit situației de față – mila – părinții nu fac asta, încetinindu-și singuri copiii din dezvoltarea specifică acestei planete. În general, copiii aceștia știu de unde vin, simt foarte bine, au o intuiție bună și comunică singuri cu îngerii, între ei înșiși, cu cei care pot comunica telepatic sau chiar cu spiritele de pe planetele unde au avut ultima întrupare. Marea lor majoritate sunt treziți în interior și de aceea evoluția lor tinde să fie mai greoaie.

Se poate întâmpla ca nașterea unor copiii să se facă cu păstrarea conștiinței de sine din viețile anterioare. Un băiat născut din mamă turcoaică și tatăl tătar țipa pe la vârsta de trei-patru ani că primii sunt leneși și ceilalți împuțiți și că el este grec și își dădea numele și spunea de unde este. Din păcate, la noi, dacă apare un asemenea caz, în loc să fie cercetat copilul, el este dus cu zăhărelul și eventual i se dau și medicamente. Se recurge prea mult la medicamente deși se știe că ele însele dau retard la copiii care se află în plină formare a sistemului nervos. Am însă și pacienți care au refuzat medicamentele pentru copiii lor. Ba unul dintre tați a avut curajul să spună că le strânge de gât și pe nevastă-sa și pe psihiatra copilului dacă îi dau ceva pe gât. L-a dus pe la preoți, pe la terapeuți și copilul a recuperat, slavă Domnului este bine.

La vârsta adolescenței devin de o încăpățânare ieșită din comun, încep o groază de lucruri pe care le fac foarte bine (muzică, sculptură, pictură) și pe care, după scurt timp, le abandonează. De cele mai multe ori dintr-o smerenie greșită aleg meserii asemănătoare cristului, tâmplărie, croitorie, la limita intelectului. Nu este obligatoriu să facă toate acestea, dar parte din ele da. De multe ori sunt diagnosticați în mod eronat ca fiind pseudo-autiști pentru că nu se bucură la orice așa cum fac copiii pământeni. Este și normal, dacă au avut alte vieți și alte criterii de valoare, să nu îmbrățișeze cultura și toate prostiile noastre. De cele mai multe ori au mai multe extensii și din cauza asta au momente în care dau impresia că sunt absenți, neintegrați lumii. Tot din cauza asta se poate întâmpla să plângă sau să râdă din senin. Și asta pentru că sunt conectați la mai multe vieți deodată și primesc informații și stări sufletești din mai multe locuri pe care un observator neinițiat nu le poate discerne. Ba pot spune că sunt foarte integrați lumii și chiar încearcă să o îndrepte din punct de vedere divin.

Am avut ocazia să consult mai mulți copii din aceștia și pot spune că mi-au plăcut mult. La unul din consulturile pe care l-am făcut în Constanța, s-a întâmplat ceva. Nu eram singur, ci cu o psiholoagă care făcuse evaluări copiilor. În cabinetul doctoriței unde țineam consultațiile, colega mea, psihoaga, se așezase pe marginea patului de consultație. La un moment dat, a intrat un copil pe care îl mai văzusem în București. Un hiperkinetic. Când venise la mine la cabinet nu stătea locului o clipă.

A intrat direct cu mâna în ceașca mea de cafea pe care a răsturnat-o. Întâmplare? Apoi, pentru că nu aveam cum să-l consult, am spus părinților că nu pot lucra pe el decât dacă doarme. Nu au trecut 5 minute, timp în care am văzut ce este cu părinții lui, și s-a urcat în brațele mătușii și s-a culcat. Am putut să-i fac și măsurători și tratament. Avea o vârstă astrală mare și ducea karma, atât a lui cât și a familiei. Din păcate, părinții nu aveau prea multă cunoaștere spirituală și nu reușeau să-l înțeleagă.

La intrarea lui în cabinetul din Constanța, psihologa a și zburat de pe locul pe care stătea.

– Este locul pe care stă el când vine la cabinet! a spus doctorița. Cert este că eu am comunicat foarte bine mental cu el. Și o fac și acum. Se prinde de mine mental când are nevoie.

Avea obiceiul să țină jucăriile la spate și în momentul când se gândea la mine mă trezeam mergând cu o mână la spate de parcă aș fi ținut ceva.

Părinții, precum găina care este speriată de bobocii de rață care înoată, mergeau cu el din medic în medic, din psiholog în psiholog, în loc să învețe singuri despre spiritul uman și să-l crească așa cum trebuie. Erau disperați de faptul că plângea de multe ori din senin. Am încercat să le explic adevărul. Că avea acces la multiple informații din mai multe locuri ale acestui pământ și din mai multe dimensiuni în care trăiește simultan – unele nu erau dintre cele mai vesele și atunci se manifesta în exterior. Nefiind matur, el nu avea capacitatea de a stăpâni durerea și atunci o manifesta ca un copil: plângând.

Ca spirit este unul dintre cele mai mari născute de univers, cunoscut în lumea spirituală sub numele de Araim „cel de patru ori măreț". I se spune așa pentru că de la începutul Universului a fost de față la patru judecăți divine! Închipuiți-vă că se naște un alt pământ, pe el apar oamenii, care evoluează prin mai multe încarnări. La un moment dat, are loc Judecata finală a acestei planete, care are loc la moartea soarelui respectiv. După aceasta se face ștergerea păcatelor și ale greșelilor pe care spiritele le-au comis în timpul reîncarnărilor lor. Ele se întorc în cer. Apoi, undeva în Univers, apare o altă planetă care are condiții pentru apariția omului. Spiritele respective se duc acolo și, pentru că în interiorul lor au cunoașterea vieții în trup, devin conducătorii, înțelepții, liderii, preoții acestei noi planete. Iar Araim a fost de față la patru asemenea judecăți! Și despre un astfel de spirit spun unii că este nebun sau pseudoautist! Sunt niște ignoranți... Nu-i de mirare că nu o plăcea pe psiholoagă. La nivel astral, el are dimensiunea unei planete mai mici. Spuneam că am cunoscut trei extensii ale acestui spirit și toate trei erau deosebite din punct de vedere spiritual. Sunt cel mai bine recunoscuți de preoții cu har, care știu ce-i cu el și îl ajută. Eu unul o fac fără discuție.

Revenind la copiii indigo și de cristal. Ei creează o serie de probleme tocmai pentru că sunt intuitivi și puternici PSI și încearcă să-și impună voința. Neavând o cunoaștere a acestei lumii, sunt câteodată precum elefanții dintr-un magazin de porțelan. De cele mai multe ori ei își aleg părinții. Este drăguț cazul unei fetițe care, la un moment dat, i-a spus mamei ei că ea i-a ales pe ei drept părinți. Întrebată cum, ea a răspuns că i-a văzut de sus cum stăteau pe balcon într-o seară și fumau nefericiți că nu au copii și că i-a părut rău pentru ei și că s-a hotărât să vină ea. Cei doi își aminteau de seara respectivă!

O alta i-a spus mamei ei că a ales-o pentru că i-a fost altădată cea mai bună mamă și că i-a plăcut de ea, de asta a venit! Am copii care văd, vorbesc și primesc îndrumare de la îngeri. Evident că am spus părinților să le spună că nu trebuie să vorbească cu oricine despre ce văd, ci doar cu cei care pot înțelege și cu care le dau voie îngerii lor.

Nimeni nu este pregătit pentru apariția lor. Nu pun preț pe ceea ce suntem învățați noi. Existența unei familii nu înseamnă nimic. Misiunile lor personale sunt mai importante decât legile sociale și drept urmare ei vor veni și gata. Numărul copiilor născuți din mame singure și tați care au alte familii va crește, lucru pentru care biserica ortodoxă și preoții ei în ignoranța lor spirituală nu este pregătită.

CAPITOLUL 13

Schizofrenia

Pentru început, țin să precizez un lucru: ORICE BOALĂ SE POATE VINDECA!

Acum, prin asta o să creez o psihoză în masă pentru că, de obicei, oamenii nu pot asimila mai multe idei. Ceea ce câteodată nu poate fi vindecat este omul.

NU TOȚI OAMENII POT FI VINDECAȚI!

De ce? Pentru că fiecare are o karmă cu care vine și doi oameni, deși au aceeași boală, au neamuri diferite, deci karme de neam de altă factură și propriile lor păcate în viața actuală.

Departe de mine gândul de a mai critica pe cineva. Medicina, confrații medici sau sistemul medical. Trebuie să recunosc că toate cărțile mele de până acum au avut ca scop să determine o reacție. Am făcut în așa fel încât să deranjez special ca să fiu luat în seamă. Nu mi-a făcut plăcere. În măsura în care știu un lucru, îmi doresc să fiu înțeles, ascultat și, mai ales dacă am dreptate, să mi se ia în seamă studiile, opiniile și, eventual, să fie ele recunoscute. Am făcut destule teste înainte să știu. Mi-am luat acest drept în ciuda colegilor medici care puneau în față „primum non nocere!", asta însemnând mai exact „întâi de toate, să nu faci rău!" Dar crescând aproape de Spitalul 9 am văzut an de an aceiași bolnavi, fără să aibă nici o schimbare în bine.

Una dintre profesoarele mele îmi spunea la un moment dat: „Dragoș, decât să nu ți se întâmple nimic, mai bine să ți se întâmple ceva rău!" Așa că mi-am permis să încerc diverse metode de terapie pe bolnavii socotiți incurabili, pornind de la experiențe proprii trăite pe calea mea de cunoaștere spirituală. Astfel am ajuns la exorcizările din mânăstiri, terapia radiestezică, Reiki, pentru ca la un moment dat să ajung să le îmbin spre un același scop: bunăstarea psihică a omului și a mea personală.

Acum pot spune că am ajuns să înțeleg anumite lucruri din care voi spicui câteva.

În primul rând, termenul de schizofrenie exprimă scindarea personalității omului astfel încât „tulburarea atinge nucleul cel mai profund al personalității, sentimentul unicității și individualității insului, cu manifestări legate de afectarea patologică a sferei gândirii, afectivității, senzorialității și motricității".

Nu se știu cauzele ei pentru că medicina caută încă explicații doar în sfera materialului. Din păcate, medicii nu mai sunt la curent cu ultimele rezultate ale cercetărilor în domeniul fizicii, bioenergeticii umane, atunci ar vedea omul și implicit bolile lui, chiar schizofrenia, din perspectiva fizicului, energeticului și a spiritului.

Din studiile mele, pe nu știu câte cazuri pentru că până în acest moment nu m-am gândit să fac o statistică, am observat că la baza schizofreniei stau mai multe cauze. Trebuie să precizez că schizofrenia este o consecință, o manifestare a unei cauze interioare aflate în subconștientul omului. Debutul nu este altceva decât deschiderea porții dintre subconștient și conștient, când problema devine manifestă căpătând diverse aspecte cu caracter patologic. Din cauza asta nu se poate preciza momentul debutului, poate fi declanșată sau amplificată de o traumă psihică, precum o despărțire de o persoană iubită, deces, pierdere de serviciu sau bani.

Fiecare individ este dotat de la mama natură cu o sensibilitate proprie. Asta vrea să însemne că fiecare dintre noi poate, la un moment dat, să devină schizofren dintr-un motiv sau altul. Ceea ce determină asta este intensitatea stimulului negativ și mediul pe care se grefează acesta. Nu este aşa că nu este o perspectivă prea frumoasă să ştii că poţi oricând să o iei razna? De ce fac această afirmaţie? Ştiind asta începi să priveşti altfel bolnavul psihic. Este un om rătăcit căruia nimeni nu ştie să-i arate drumul spre lumea noastră. Şi asta devine datoria noastră a tuturor celor care vedem lumea, zicem noi, normal.

Componenta genetică a schizofreniei

Este adevărat că există una, dar trebuie lămurit exact cum este cu gena asta. Gena este o biodischetă care acumulează informaţii şi le transmite urmaşilor. Dacă unul dintre străbunicii mei s-a apucat de băut pentru că l-a înşelat nevasta şi după aceea a mai făcut un copil care se află în arborele meu genealogic sunt mari şanse ca informaţia aceea care a rămas înscrisă la nivel de genă să se transmită mai departe până la mine! Acum nu este nevoie să dăm vina pe bunicul pentru că a băut şi din cauza asta beau şi eu. Noi am rezonat cu familia în care ne-am născut dintr-un anume motiv şi poate că avem aceeaşi problemă nerezolvată. De asemenea, nu echivalează cu ideea că născându-te dintr-un părinte beţiv e musai să devii alcoolic! Sunt multe date aflate în subconştientul individului care stau la baza acestui rezultat.

În ceea ce priveşte schizofrenia, componenta genetică se referă la karma de neam, de familie. Cum sunt de exemplu familiile de vrăjitori în care se mai nasc indivizi care nu „pot duce" tot ceea ce au făcut predecesorii lor şi sunt devoraţi de forma gând creată în procesele magice. Aşa sunt şi blestemele de neam: blestemul este o formă gând care, datorită puterii ei, poate afecta o familie din generaţie în generaţie până ce acea informaţie este anihilată.

Karma personală

Poate fi o cauză care de cele mai multe ori se împleteşte cu cea familială şi care se referă la totalitatea faptelor pe care le-am făcut în viețile anterioare. Este precum o gogoașă imensă și neagră care vine direct peste noi. Să zicem că un individ a fost Vlad Țepeș într-o altă viață. O fi luptat el pentru ortodoxie și neamul românesc, dar până la urmă tot a ucis și nu oricum. Este o vină pe care trebuie să o ispășească și care se poate manifesta ca o astfel de tulburare de personalitate. (Ca fapt divers, spiritul lui Vlad Țepeș este întrupat și are ajutorul oamenilor de spirit și a preoților cu har pentru că nu se putea face altfel pe vremea lui.)

O traumă din trecut

Care a făcut ca un om să se despartă în lumina și umbra lui, să se disocieze. Dădeam în acest sens un exemplu al unei fete care fusese violată și care în timpul violului ajunsese să se extracorporalizeze. Putea să plece „în duh" să viziteze, să vadă diverse lucruri, pentru ca apoi să le descrie cu amănunte verificabile.

Un act de magie

Care fie că este doar cu energii, fie că este făcut cu demoni, face ca sistemul de gândire al unui om să sufere modificări la nivelul percepției realității. Este celebră demonstrația prin care se inducea unui om ideea că o monedă pe care o ținea în palmă este fierbinte și respectivului îi rămânea în palmă o urmă roșie de parcă s-ar fi ars. Magia nu este altceva decât o astfel de inducție la distanță și are două componente: puterea hipnotică și capacitățile telepatice de transmisie. Cantitatea de energii introduse în subconștient poate fi atât de mare încât șuntează chiar capacitatea de decizie sau de relaționare cu mediul!

Posesia demonică

Este o altă cauză a schizofreniei. La un moment dat eram în chilia părintelui Argatu și tocmai făcea rugăciunea de exorcizare unei femei. Și el spunea: „Și iartă-i Doamne păcatele ei cele de voie și fără de voie!...", la care femeia a spus: „Fără de voie, părinte!", după care tot ea, dar pe un ton mult mai gros, ca de bărbat: „Taci fă, că de voie!"

Există la acest moment o tendință și o atracție către necunoscutul spiritual. Au apărut cărți, oamenii sunt îndemnați să facă ritualuri, chiar și unele de invocare a diverselor entități. Invocarea cuiva poate reuși, dar nu știi dacă este el sau dacă nu vine altcineva în loc. Din cauza asta cred că orice creștere spirituală trebuie făcută sub supravegherea unui maestru, profesor, guru, preot. Cineva care să te poată ajuta la un moment dat, când ești depășit de situație.

Trezirea sinelui

În noi există ceea ce se cheamă șarpele kundalini. Am auzit tot soiul de teorii despre el, de aceea mă limitez în a-mi expune părerea personală. Fără a avea însă pretenția de a fi un expert în domeniu.

Noi suntem niște mici roboței cu programe implementate înainte de naștere, de la nivel divin, și chiar de demoni, îngerii păzitori ai karmei. Nu este prea flatantă chestia asta, nu? Aceste programe ne fac să ne căsătorim, să avem copii, sau altele. Momentul trezirii noastre ca indivizi conștienți de noi înșine are loc fie în timp îndelungat, fie deodată. Asta doar Doamne-Doamne știe de ce. Trezirea bruscă se poate exprima astfel: la un moment dat, o femeie se trezește din somn și îl întreabă pe soțul ei, cu care era măritată de douăzeci de ani: „Dar tu cine ești!" Cel mai des se pune diagnosticul de schizo celor care suferă de simptomele trezirii.

În actul terapeutic se poate întâmpla să se producă o disociere a individului de problema lui. În cazul în care raportul dintre personalitatea individului și energia negativă desprinsă tinde net către a doua, se poate ca disocierea să devină manifestă în plan psihic.

Orice inițiere care implică entități spirituale poate creea un dezechilibru la nivelul mecanismului psihic al unui individ. Și aici avem inițieri pe lumină și pe întuneric. Reiki, preoția, radiestezia fac inițieri în lumină. Artele marțiale, unele forme de yoga, ajung la lumină prin mijlocul întunericului. Că un individ ajunge să fie „stăpânit" de spiritele de lumină, este OK – problema este cu întunericul. Aici intervine puterea psihică a fiecăruia astfel ca, în interiorul lui, să rămână personalitatea dominantă – putere care poate fi crescută prin cunoaștere și experiență proprie.

Personalitatea parentală dominantă

Schizofrenia datorată unei personalități dominante parentale. Aici dădeam exemplu fata care accepta să i se facă sex oral, deși nu îi plăcea, pentru simplu motiv că mama ei era dornică de artificii sexuale pe care nu și le putea satisface cu soțul ei. Astfel, subpersonalitatea maternă se manifesta prin fiică, chiar dacă nu la un mod patologic.

Am abordat problema schizofreniei tocmai pentru că este socotit „cancerul psihiatriei" și am vrut să arăt că nu este chiar așa. Întotdeauna poate să existe o șansă de rezolvare. Poate doar dacă este vorba de un individ care într-o viață anterioară a fost criminal în serie sau cine știe ce altceva de genul acesta să nu aibă șanse de vindecare, dar nu toți cei etichetați ca bolnavi cu schizofrenie nu mai au nici o șansă de reîntoarcere la normalitate.

Și, nu în ultimul rând, sunt cazuri de oameni care, în urma unor procese magice sau, mai exact, atacuri PSI, pierd legătura cu realitatea și sunt etichetați ca schizofreni și tratați ca atare. Rămâne la latitudinea medicilor și a aparținătorilor de a descoperi adevărata cauză a suferinței pacientului.

CAPITOLUL 14

Război PSI cu SEREI

Nu aveam nimic cu acest serviciu de informații, cu atât mai mult cu cât tata este pensionar al lor, dacă nu mi s-ar fi întâmplat mai multe care cred eu că îl aveau în spate. Îi cunosc pe colegii tatălui meu, familiile lor, m-am jucat cu copiii lor și am fost chiar îndrăgostit în adolescență de unele dintre fetele lor. I-am iubit, admirat și stimat observându-i cum trăiesc, se distrează și își fac meseriile. Nimic din filmele cu James Bond. Oameni cu familii. Mulți dintre ei nu mai sunt. Le-au cedat inimile supraîncărcate de adrenalină, de griji, de nopți nedormite și, poate, uneori de frică. Am dorit să le deschid o poartă pentru a-și face meseriile mai bine, spre a fi mai protejați ei și familiile lor, ca să ajungă întregi fizic și psihic la bătrânețe și să se poată bucura de nepoții lor și de o pensie binemeritată. Ei sunt cei cărora nu le ridică nimeni statui, care se chinuie și câteodată mor în misiuni fără ca ziarele, opinia publică să știe vreodată că au existat. Este una dintre meseriile pline de realizări, de neprevăzut și cu pâinea cea mai neagră!

Primul conflict a apărut în momentul în care am întâlnit la o aniversare un lucrător al serviciului de informații cu care am avut o discuție despre spiritualitate. Sincer îmi părea rău de lucrătorii de la SRI care or să înceapă să cadă precum nucile toamna. La ora actuală nu este nevoie să mai prinzi un spion, este destul să-l distrugi psihic! Și este trimis pachet acasă, internat la spitalul militar și îndopat cu medicamente toată viața.

Aveam și cazul unei cunoștințe de vârsta mea care, terminând o școală de ofițeri de transmisiuni, a fost luat la serviciile externe. La un moment dat, a luat-o razna și a fost internat la spitalul militar. Evident a fost trecut pe medicație specifică bolilor psihice. Și bineînțeles că degeaba. Nu am putut face prea mult pentru el. Ne cunoșteam de demult și nu putea accepta că mai există și altceva decât știința. Cum nu pot uita că tatăl meu a fost spion și respect enorm această profesie pe care cred eu că se bazează tot ce înseamnă o societate puternică, m-am gândit să deschid ochii celor care se ocupă de pregătirea PSI a serviciului. Uimit de disponibilitatea mea de a vorbi despre spiritul uman, cred că a raportat mai departe și într-o seară m-am trezit că se deschid dimensiunile în unul dintre pereții camerei mele. L-am văzut pe respectivul pe canapea în transă și pe cea care făcea regresia, curioasă să știe cine sunt și ce vreau. Era zece seara și faptul că au făcut asta m-a cam deranjat.

A urmat apoi episodul cu lucrarea mea de doctorat. Nu știu în ce măsură a fost adevărat ceea ce mi-a spus profesorul respectiv – că i s-ar fi sugerat de către doi lucrători în domeniu că apariția lucrării mele nu este oportună –, dar este posibil. Oricum, stupiditatea le-a fost răsplătită: în loc să apară o lucrare de doctorat care să fie uitată prin cine știe ce raft prăfuit al unei biblioteci obscure, a devenit carte și măcar fărâma de adevăr cuprins în ea s-a întins, zic eu, la alți oameni.

Trebuie însă să nu uite că este ușor de compromis un serviciu de spionaj și asta pentru că este format din oameni, iar oamenii sunt vulnerabili.

Recunosc că am cercetat motivele pentru care au fost deconspirați marii spioni. Unele dintre ele au fost simple gafe, erori umane. Acum știu că este mai ușor să distrugi un lucru decât să-l construiești și mai ales că poți folosi cunoașterea pentru aflarea Adevărului. Ori, dacă este adevărat că sunt spioni și iese la iveală acest banal adevăr, s-a cam dus cu ei. Un spion este spion atâta timp cât este incognito, deconspirarea lui este de multe ori echivalentă cu moartea. Implementarea unui program la nivel subliminal de subconștient de grup este o bagatelă pentru cine știe cum. Așa că zic să ne vedem fiecare de treaba lui. Pentru că și eu urmăresc protecția și slujesc poporului român ca și ei, doar că nu mai slujesc intereselor de grup, indiferent că este un serviciu de informații, un organism, un partid sau biserica. Încerc să slujesc adevărului, de aceea nu mă interesează apartenența la nici un grup, partid și încerc să rămân și voi rămâne singur. Am vrut să învăț și pe alții. Cunoașterea îți dă putere. Poate că sistemul pe care l-am ales, să lovesc la un moment dat anumite centre de pregătire PSI, nu a fost cel mai ortodox, dar a fost eficient. Nu mă interesează unde lucrează, nici cum îl cheamă pe un om care vine la mine. Nimeni nu poate accesa ceruri unde nu-i este îngăduit să intre. Am cunoscut persoane care au ajuns maeștri Reiki, dar nu au inițiat niciodată pe nimeni pentru că nu li s-a îngăduit de dincolo. Pot scrie despre orice, informația nici măcar nu o să rămână în mintea celor răi pentru simplul motiv că orice lucru are o vibrație și rămâne în spații și câmpuri asemănătoare.

Știu că la un moment dat mă trăgea ața către un anumit loc. Știam că este un centru al spionajului românesc și mă vedeam cum sunt tras acolo din punct de vedere spiritual. Este adevărat că toată copilăria mea am visat să fiu un fel de James Bond, dar cred că m-am maturizat și știu cam ce am de făcut pe acest pământ. Nu înțelegeam de ce anume trebuia să fac ceea ce făceam. Și apoi am înțeles. Moștenirea sovietică, chiar și în spionaj, este legată de rău. La nivel spiritual, rușii au pierdut o bătălie. Folosind tehnicile șamanice care, ca vibrație, sunt inferioare celor din Reiki, au fost călăriți și iată-i dezbinați ca uniune. Nici măcar nu au înțeles ce li se întâmplă. Cu toate cercetările lor de la Novosîbîrsk, nu au înțeles un lucru elementar: cine stăpânește lumina ia tot! Și ei au mers pe întuneric. Ori, asta trebuie să învețe și cei care, într-un fel sau altul, au grijă de acest popor. Ca să înțeleagă că nu știu nimic. Întotdeauna, ca demonstrație de forță, am lovit pe toți odată, indiferent că era vorba de persoane sau grupuri PSI, sistemul este același. Ba, de cele mai multe ori, este chiar mai ușor de lovit. Știu că am trimis sfere de lumină cu chakre, cruci și focul lui Saint Germain. Cei care vedeau se uitau surprinși la ce le trimisesem. Într-unul din centrele, de data asta militar, pe care îl cunoșteam l-am postat în centrul biroului unui general. Știam că-l vede și că-l va cerceta împreună cu ceilalți. Știu, pare crud. Dar niciodată nu am avut intenția să ucid sau să chinui. Am trimis atât cât să înțeleagă, să vadă și să simtă că există și că se poate. Rezultatul a fost că mulți au început să învețe și au crescut pentru binele lor și al nostru. Nu mă pot duce să antrenez oameni ai unui serviciu sau sistem pentru că nu am timp. Pot să fac aplicații cu ei din orice punct m-aș afla pe pământul ăsta sau în univers și să scriu pentru ca ei să înțeleagă. Mulți au luat-o ca pe o vendetă personală și mă vânează sau îi vânează pe cei pe care îi învăț ca să-mi arate ei cât sunt de buni. O prostie și o îngâmfare. Sunt bun în ceea ce fac. Punct. Nu am zis mai bun decât x-ulescu sau cutărescu. Nu mă compar cu nimeni, pentru că fiecare are viața lui, experiențele lui personale, din care a învățat și care l-au făcut să fie ceea ce este.

Drăguț că la un moment dat, într-unul dintre războaiele PSI pe care eu însumi le-am declanșat, unul dintre oamenii care mă cunoștea, un general, a pariat pe mine! Îi mulțumesc pentru încredere. De unde știu? Orice informație rămâne la nivel energetic și este de ajuns să știi să-ți folosești „aparatul" numit minte ca să decriptezi mesaje rămase plutind în spațiu.

Sper ca dincolo de orgolii să ne învățăm fiecare propriile lecții și, prin creșterea noastră, să creștem pe cei din jur și poporul român pentru care eu unul m-am născut. Am terminat ceea ce aveam să demonstrez și, drept urmare, din punctul meu de vedere, declar conflictul închis. Nici nu a existat unul până la urmă. Adaug doar că există metode care pot face să crească puterea unui om, a unui spion, fără să încarce karmic acest popor. Acestor metode subscriu și eu. Așa cum ei au ca misiune și profesie protecția acestui popor de orice amestec din afară, așa și eu îmi asum rolul de a-mi ajuta neamul în a-și ispăși karma și de a se ridica la o nouă vibrație. Mult timp am avut pe steag acvila, care este manifestarea combatantă a Duhului Sfânt, păstrarea dreptei credințe prin forța armelor, este timpul să o metamorfozăm în porumbel. Și nu pot singur, ci prin toți cei care știu, vor și pot să ajute la evoluția spirituală a acestui neam.

CAPITOLUL 15

Dedicat Bisericii Ortodoxe Române și nu numai

Precizare: mă închin lui Iisus Hristos. Îl consider Fiul lui Dumnezeu și Mântuitorul meu și al întregului Univers. Este Domnul, Îndrumătorul, Prietenul și duhovnicul meu. Poezia care urmează este o ironie la adresa BOR, Bisericii Catolice și a tuturor bisericilor care se pretind a fi trupul lui Iisus Hristos.

TE DU HRISTOASE...

De biserica asta Ți-e trup, Tu, Hristos,
Te du la doctor, fii sănătos.
Bolnav ești de cancer, de bube tu ești
Și carnea-Ți mănâncă viermii șerpești:
Pe ochi ți s-a pus parcă albeață
Și părul, mintea parcă Ți-e creață,
Iar haina-Ți sfântă parcă-i pastel,
Credință mai ai cât un cap de vițel!
În Tine Lumina-i numai un fir
Și Sângele tău se-mpute-n potir:
Nu poți să dezlegi nici vaca din curte,
Nemaivorbind de păcatele multe.
Nu poți să mai vindeci nici un lepros,
Îți este lene să mai mergi chiar pe jos;
Gangrena perfidă Te-a lăsat olog,

Cu mersul pe apă s-a zis sau mă rog...
Cândva te-ai lăsat purtat de-un măgar,
Acuma îți trebuie un Rover măcar!
Îți pui haine lungi, porți cruci înalte
Și-o inimă neagră ascunzi în spate!
Iei femeii sărace banii pe pâine
Și milă nu ai nici măcar cât un câine.
N-ai har nici să dai o vijelie
Să-i scuturi în scaune-n Mitropolie.
Înconjur ne dau lupii cei tunși,
De parcă de Tine ar fi fost unși
Să ne-învețe credința, Iubirea poate
Și mila, și Viața, de tot și de toate.
Pe noi cei ce-am fost, suntem, vom fi
Stăpânii și sclavii acestei glii!
Ne-ai lăsat pradă și la evreu
Te înțeleg că-i doar din neamul Tău!
Ne jupoaie de bani, ne ia casa toată.
Ca Doja vom fi cu toți trași pe roată,
O joacă o să fie a ta Sfântă Cruce
În chinul morții când ne vom duce!
Mai am puțin și mă fac ateu
La câte mizerii sunt în drumul meu!
Mă zbat în mizerii, în viață și haos,
Pe demon îl văd cum slujește din naos!
Te du Hristoase, du-Te de tot,
În inima noastră nu mai ai loc.
Du-Te la medic și el o să știe
De milă să-Ți facă eutanasie!

Am crezut sincer că voi aplana cumva conflictul la nivel ideatic pe care îl simt între mine și biserica ortodoxă ca instituție, dar se pare că nu este posibil. Așa că voi enumera neajunsurile ortodoxiei. Cel mai important este acela că, spre deosebire de biserica catolică, unde doar Papa este considerat infailibil, la noi toți se numesc între ei preasfinți, preacucernici sau preafericiți. Și îl mai criticam pe Papa!

Totul a plecat de la mai multe cazuri pe care le-am întâlnit la cabinet. Pacienți care aveau nevoie de mine pentru că avuseseră un conflict cu un preot, cu un episcop, mă rog, cu o față bisericească. În timp, am încercat să descopăr de unde veneau problemele.

Țin minte că, la un moment dat, părintele Argatu pomenea cum era să moară după ce s-a împărtășit. Spunea că a fost otrăvit. Nu stătea în picioare această ipoteză – din același potir se împărtășiseră și alți preoți. Vreo trei zile se chinuise între viață și moarte. Am căutat mult timp răspunsul la întrebarea asta, pe care am păstrat-o în mine până când am putut să o descifrez.

Lumina din împărtășanie fusese informată! Cineva care avea noțiuni de transmitere de programe subliminale le indusese în momentul în care se transmisese lumina pentru sfințire. Aceste mesaje erau adresate doar părintelui și de aceea nu au făcut rău celorlalți. Dumnezeu a hotărât însă altfel și el, cu rugăciune și post negru, a supraviețuit.

Acest episod mi-a venit în minte după Paște, după ce am luat Sfintele Paști. De unde ne dusesem cu dragoste și iubire la biserică, nu am ajuns bine acasă și mi s-a făcut rău. Dar rău, nu oricum!

Târându-mă prin casă mă întrebam ce am. Am început să o iau pe firul apei. Mi-am chemat îngerii – pauză. Nimeni. Mi-am măsurat lumina – ioc! Nu mai aveam nici un înger cu mine. Îi caut mental. Îi strig și descopăr că erau legați la biserica unde fusesem de Paște! „Mama voastră de popi!" mi-am zis atunci. Prima idee a fost să iau capetele preoților de la biserica de acolo.

Doar că mă știu cum sunt. Când mă pornesc împotriva cuiva, îi iau tot neamul la rând. Și poate pentru prima dată am zis să am un bob zăbavă. Descopăr că preoții de acolo habar nu aveau și că erau doar purtătorii unor programe implementate de șase episcopi faliți spiritual din Dealul Mitropoliei. Mulțumesc Lui Dumnezeu că mi-a oprit mâna! Dădeam în oameni nevinovați.

Eu nu lovesc primul. Așa că, de supărare, am trimis un e-mail Patriarhiei Române, pe care le-am promis că o să-l public. De multe ori au venit la mine oameni care aveau acces la lumină și care se plângeau că, la un moment dat, la contactul cu fețe bisericești li se întâmplase să fie goliți spiritual și asta nu pentru că i-ar fi curățat de demoni. Adevărul este că, incapabili să câștige proprii lor îngeri prin luptă spirituală, sunt preoți și episcopi care LEAGĂ și FURĂ îngerii altora!

Prezint în continuare e-mail-ul trimis sinodului:

Domnilor, întrucât eu unul nu recunosc decât Sfințenia lui Iisus Hristos pe pământ, am o mare jenă în a vă numi preasfinți și preacucernici întrucât nu sunteți.

Mântuitorului i se spunea simplu: RABI! Din câte știu...

Sunt preocupat de fenomenul PSI și astfel îl studiez de câțiva ani, începând de la exorcizările făcute de călugări precum părintele Argatu și terminând cu științe spirituale de masă precum: Reiki, radiestezie, inforenergetică, Chi Kung și arte marțiale. Fac această precizare pentru a nu se crede că am venit cu pluta pe Dâmbovița. Am scris cu această ocazie patru cărți: Devenirea, Atacul PSI între știință și magie, Arta războiului PSI și Reiki între mit și realitate. Si tot ce am scris am studiat și am raportat la cunoașterea creștină pe care o aveam anterior. Poate că s-au strecurat erori în scrierile mele și pentru asta cer iertare lui Dumnezeu și îl rog să îndrepte El greșelile mele, mai ales că nu le-am făcut cu intenție.

Revenind la motivul pentru care vă scriu. Am descoperit dintre dumneavostră episcopi și preoți care folosesc Sfintele Taine și le informează pentru a-și aservi oamenii sau îngerii sau chiar demonii lor, ceea ce nu mi se pare corect. Nu am nevoie de protecția dumneavoastră, dar mi se pare corect să am grijă prin cunoașterea mea de ceilalți, de oamenii simpli, care mai cred în preoți. Si nu îi voi lăsa să fie folosiți ca niște marionete doar pentru că un preot sau un epioscop a descoperit că informând Sfintele Taine poate trece peste liberul arbitru al omului sau lega spiritele!

Drept urmare, aștept să luați măsurile necesare pentru protecția noastră a oamenilor cărora până la urmă ar trebui să le slujiți ca urmași ai lui Iisus.

Ar trebui să vă gândiți că dacă voi scrie, și probabil așa voi face, că se poate manipula prin Sfânta Împărtășanie și mai mulți dintre credincioși se vor îndepărta de biserică, ceea ce nu doresc.

În ceea ce mă privește, am de gând să cer în Liturghie judecată divină în fața lui Dumnezeu și nu se mai pune problema iertării, ci ca pedeapsă am să chem Îngerul Morții pentru cei care fac asta.

În cazul în care Patriarhia nu va adopta o atitudine relativ la problema mai sus menționată îmi arog dreptul de a proteja PSI oamenii de episcopii și preoții care murdăresc Sfintele Taine și pentru aceasta mă voi folosi de toată cunoașterea și puterea mea.

Gândiți-vă că eu unul nu mă voi mai împărtăși niciodată în viața asta: voi refuza din cauza acestui lucru chiar dacă în sufletul meu o doresc. Sper că mă va împărtăși Mântuitorul în cealaltă parte. Si ca mine vor mai fi și alții dacă nu luați măsuri.

E-mail-ul meu îl voi înregistra și îl voi publica pentru a vă obliga să luați o decizie.

Fără stimă, Dr. Ovidiu Dragoș Argeșanu

P.S. *LITURGHIA pe care am de gând să o dau sună așa:*

Dragoș cheamă în fața lui Dumnezeu, la judecată dreaptă, pe toți episcopii, preoții și cei care îi ajută să folosească Sf. Taine pentru lovirea, înrobirea spirituală, schimbarea gândurilor și manipularea psihică a oamenilor sau legarea îngerilor lor. Cei care o fac să fie însemnați cu semnul lui Cain ca să vadă toată lumea iar dacă nu se potolesc să li se ia dreptul de a mai avea acces la Taina Împărtășaniei sau la alte slujbe. AMIN

Care sunt neajunsurile ortodoxiei:
– este o religie misogină, care exclude principiul feminin din Dumnezeire, din Trinitate. Dumnezeu, care conține totul, nu poate fi format din două elemente masculine, Tatăl și Fiul, și un element neutru, Duhul Sfânt.
Deși, din câte știu, acesta este de gen feminin și, prin traducere, s-a pierdut. Datorită acestui fapt nu poate să permită ridicarea femeii la nivelul de preot. O femeie nu poate fi decât stareță.
Istoria sfinților demonstrează însă că femeile pot fi la fel de bune și puternice spiritual ca și bărbații. Avem cazuri multiple: Maria Egipteanca, femeia care l-a învins pe vrăjitorul Ciprian, ulterior devenit sfânt.
Biserica ortodoxă a devenit un fel de stat în stat, nu mai este controlată de nimeni. S-a rupt de problemele oamenilor cu toate că primele spitale au fost făcute de Vasile cel Mare. Azilele de bătrâni erau ale bisericii, orfelinatele, maternitățile la fel. La ora actuală, biserica a ajuns o hidră hulpavă care înghite, dar nu dă nimic înapoi. Nimeni nu știe câte proprietăți are, nimeni nu are o evidență a lor. Știți câți oameni rămași singuri și-au lăsat averile, casele, apartamentele, terenurile, pădurile și banii? Dar biserica s-a depărtat de la țelul ei DE A SLUJI OMULUI și a ajuns un jug pe capul neamului românesc.
Se strâng bani pentru biserici, dar de evidența lor mai știe numai Bunul Dumnezeu.
Nu am nimic cu preoții și episcopii care își văd de menirea lor. Am văzut și preoți și episcopi buni, îmi plec capul în fața lor. Au o menire grea, dar în ceea ce îi privește pe ceilalți se va găsi și ac de cojocul lor.

Știu multe dintre cele pe care le fac preoții de la scoaterea de părticele la blesteme. Nu mi-e frică. Am avut un mentor bun, părintele Argatu, care nu a suportat niciodată fățărnicia și mizeria din capetele bisericii ortodoxe. Și le mai spun ceva: sunt ctitor de mânăstiri – multe pe care le am din alte vieți. În fiecare zi se ridică o rugă și pentru mine ca spirit și atâta timp cât se va mai face o Liturghie în țara asta voi fi pomenit și eu.

La un moment dat am cunoscut o femeie care, fiind catolică, s-a căsătorit cu un protestant, motiv pentru care a fost excomunicată de biserica catolică. Mi-am pus atunci întrebarea ce ar fi dacă mi s-ar întâmpla să fiu pedepsit astfel pentru vederile mele. Nimic. Există mântuire și în afara bisericii ca instituție și ca spiritualitate. Exemplu: pustnicii. Antonie cel Mare a creat o comunitate de mii de oameni ca el fără să aibă nevoie de fețe bărboase bisericești, ortodoxe, ipocrite, cu pretenții și ifose de preasfinți. Sper să dea Bunul Dumnezeu să fiți luați la răspundere nu dincolo, ci aici, de oamenii pe care ați jurat să-i slujiți și îndrumați. Eu, unul, nu am nevoie de voi, preoților și episcopilor ortodocși. Dacă am urmat o linie în ceea ce privește religia ortodoxă, am făcut-o pentru ceilalți, nu pentru mine.

Ah, ca să pun capac. Din punctul de vedere al numărului de îngeri și a cunoașterii tactice în lupta spirituală, capii bisericii ortodoxe, stindardul hristic cum se consideră, sunt vai mama lor!

Au fost mulți catherisiți de-a lungul istoriei și deci există precedente ale celor care s-au certat cu Sinodul, devenind apoi sfinți cinstiți chiar de biserică.

În loc de sfârșit dau celor din Sinod o temă de gândire:

„Piatra pe care nu au băgat-o în seamă ziditorii s-a pus în vârful unghiului!"

P.S. Există în biserica ortodoxă șase episcopi care au făcut echipă cu șase femei. Ei au înțeles că un bărbat singur nu poate fi puternic și au descoperit energia feminină Yin. Cuplul bărbat femeie este cu mult mai puternic decât un singur om, fie el bărbat sau femeie. Din înaltul lor, nu spiritual, pentru că nu au valorile respective, ci al inițierilor pe care și le fac singuri, încearcă să ghidoneze destinul acestui popor! Ei au refăcut cifra magică a celor doisprezece apostoli, dar cu mult mai puternică și mai unită, iar prin intermediul Liturghiei folosesc lumina informată pentru a manipula și preoții care slujesc Sfintele Taine și pe cei care se împărtășesc!

Soluția este să învățați să vă rugați și să vă citiți singuri Liturghia acasă dacă îl iubiți cu adevărat pe Dumnezeu! Iar dacă Lui Dumnezeu și Mântuitorului îi vor plăcea, având pregătită o sticlă de vin și o pâine pe masă va veni Iisus și vi le va sfinți! Dacă nu... asta este! Altă dată...

Vârful acestui grup este un episcop și are DH-ul 91 și vibrația 47. Sunt terapeuți care au valori mai bune și pe care ei îi blamează! Alea jacta est!

Criticilor mei

L-am parafrazat pe Eminescu pentru că se spune despre el un lucru interesant: mulți ar vrea să fie precum Eminescu, dar nimeni nu-și dorește viața lui!

S-au întâmplat multe de când am început să scriu cartea asta. Și bune. Și rele. Unele lucruri le-am înțeles – trebuiau să se întâmple, stătea în ordinea firească a lucrurilor –, dar pe multe nici eu nu le-am înțeles. Poate că am să par deplasat cu ceea ce voi scrie, dar poate că este timpul să punem punctul pe I.

NU AM DECLARAT NICIODATĂ CĂ AȘ FI UN SFÂNT!
Sper să înțeleagă asta toți, și pacienții, și cursanții, și cei care mă susțin, și cei care mă critică, și dușmanii, și adoratorii mei. Părinții, frații mei, femeile care sunt, au fost și poate vor fi în viața mea. Și nu cred că merit să mi se reproșeze faptul că în realitate sunt la fel de păcătos ca și ceilalți. Nu m-am ascuns în spatele luminii și nu m-am declarat mai bun decât sunt. Dacă alții m-au văzut altfel, este problema lor. Am fost la cursuri și în lumină și plin de întuneric, ca să se înțeleagă că eu unul sunt dincolo de ele și că fiecare din noi nu face altceva decât să manifeste ori una ori cealaltă fațetă a lumii acesteia.

Poate că am considerat că este necesar să fac aceste precizări și pentru că la un moment dat o cititoare a mea s-a mirat când cineva cu care stătusem la masă îi spusese că băusem o bere! Și fumasem și o țigară! Spusese mirată:" Domnul Argeșanu nu poate să bea bere sau să fumeze!"

De unde am descoperit că lumea are o părere greșită despre propria mea persoană. Am considerat necesar să mă descopăr așa cum sunt. Câteodată mă întrebam și eu de ce mi s-a îngăduit să ajung la o asemenea cunoaștere, poate nu foarte mare în comparație cu aceea a Universului, dar cu siguranță mai mare decât a multora care consideră că știu. Și apoi am realizat de ce. Ideea nu era ca un om cu o anumită cunoaștere să fie sfânt, ci ca informațiile relativ la Cer, Dumnezeu Tatăl, Fiul, Duhul Sfânt, Maica și sfinții, spiritele superioare, energii, lumină să vină printr-un om păcătos și ordinar ca mine special ca să înțeleagă toți ceilalți oameni că dacă eu am avut acces la cunoaștere, la spiritele de lumină, oricine poate avea numai să vrea. Am înțeles că Dumnezeu în înțelepciunea Lui mi-a îngăduit asta și pentru mine, ca să înțeleg ce merită și ce nu, dar și pentru ceilalți care de abia urcă. Dacă eu aș fi fost un sfânt celorlalți cunoașterea și adevărul le-ar fi părut ceva intangibil. Așadar, pentru că eu sunt la fel cu ceilalți ba de multe ori mai rău pentru că știu care este și adevărul și binele. Nu mă disculpă treaba asta. Dumnezeu poate folosi chiar și defectele noastre în planul Lui de a ajuta și îndruma pe ceilalți. Asta nu ne dezleagă de propriile nimicnicii. Dar de aici la a fi judecat de oamenii pe care eu i-am învățat aproape tot ce știu mi se pare o mizerie.

Sung Yung, un maestru de Chi Kung chinez, prieten de al meu și care a învățat pe mulți dintre maeștrii români care sunt cunoscuți și recunoscuți în prezent, a plecat din țară. Nemulțumirea lui era că deși învățase pe ucenicii lui ce știa, aceștia nu-i păstrară respectul cu care era învățat în China. Acolo un maestru de la care ai învățat rămâne maestrul tău toată viața. Chiar dacă odată, poate, ucenicul își depășește maestrul respectul rămâne ca față de învățătorul care te-a învățat să scrii! Poate ajungi doctor docent, profesor universitar, dar mereu o să îți aduci aminte de cel care ți-a pus stiloul în mână!

Știu că fiecare ucenic are un moment de desprindere de maestrul lui. Această clipă de ruptură o știe doar Bunul Dumnezeu. Doar el poate aprecia când puiul este gata să plece de lângă cloșcă. Nu aș putea spune că am fost surprins de ceea ce se întâmplă. Și eu m-am ridicat împotriva părintelui Argatu, sau Pantelimon, sau Dosoftei. Chiar dacă ruptura, de abia acum realizez, era știută și liber consimțită de ei. Așa că nu m-am mirat de ce s-a întâmplat mai târziu cu cei pe care i-am învățat eu.

M-a deranjat însă o idee emisă de doi dintre cursanții mei:

Unul a spus că l-am dezamăgit. Și celălalt mi-a explicat că respectivul mă văzuse altfel și că mă pusese pe un postament sau așa ceva și că mă considerară cu mult mai sus decât sunt în realitate. Pe unii eu i-am dus de mânuță la Dumnezeu! Și s-au supărat pe mine când au descoperit că sunt om. Că greșesc. Că mănânc cu o gură și produsul final iese tot ca la ceilalți, că nu am descoperit moduri noi de a face dragoste. Că mai dau cu bâta în baltă, că din când în când mai trag câte o înjurătură. Că mă lasă din când în când nervii și atunci văd negru în fața ochilor.

Întâmplarea face, sau nu numai, ca mai multe să plece de la un fapt petrecut în fața cabinetului meu.

Sunt un luptător. Dar din când în când sar calul și m-am certat cu niște țigani. Nu este importantă conjunctura. Între timp, ne-am împăcat. Dar lucrurile degeneraseră în amenințări. Știu ce înseamnă să te bați cu mai mulți odată și că șansele să scapi cu bine, neatins fizic, scad. Așa că în mașină mi-am luat o bâtă. O aveam cadou de la iubita mea care a murit. Mi-o dăduse după episodul cu țiganii descris în romanul Devenirea. Avea și fundiță roșie! Sunt pe următorul principiu: prefer să ajung la închisoare decât să mor. Și dacă este să aleg între moartea mea și a celuilalt cu care sunt în conflict: „mai bine să plângă mă-sa!"

„Nu este creștin", ar spune cineva. Dar eu NU SUNT IISUS HRISTOS! Asta pentru cei care mai aveau vreo îndoială.

Cu urechile mele l-am auzit pe părintele Argatu la un moment dat spunându-i unei femei care venise să i se plângă cum o bate o vecină:

„Și apăi, nu ai găsit și tu vreun par prin curte?!" Care era ideea la care și eu m-am gândit mult. Fiecare are de îndeplinit o misiune personală. Unii să fie doar purtători de gene pe care să le transmită mai departe, alții doar să afle niște lecții de la viață, iar foarte puțini să lase ceva cu adevărat în urmă. Dar toate acestea au un punct comun. Nu se pot face decât dacă EȘTI ÎN VIAȚĂ. Așa că, orice ar fi, prefer vina de a mă apăra decât martirajul...

Era seara și terminasem o zi plină de pacienți. Nu mă disculp. Încerc să explic unui berbec pe care l-am crezut și îl mai cred prieten. Cum mă bag în cazuri în care radiesteziștii de exemplu nu se bagă, preiau foarte mult. Exemplu: sunt oameni care au DH-ul sau lumina interioară cu mult sub limita normală, care este 43%. Și vin și cer ajutor. Cei mai mulți cu EBF cu mult sub 81, cât se acceptă la terapie la radiestezie. Pe undeva au dreptate ca fiecare să și le ducă pe ale lui, dar eu am promis ceva la un moment dat lui Iisus: să am grijă de oile Lui. Nu sunt cel mai ortodox, dar mă strădui să ating scopuri bune. Cei care au sub valorile respective au entități mari negative pe ei. Și le preiei tu ca terapeut.

Nu mă disculp. Dar chiar și eu am o limită despre care i-am învățat chiar și pe alții – CSEN (capacitatea de stocare a entităților negative). Adică, mai exact, câți demoni poți duce în tine fără să manifești răul. Spun doar că acela care m-a judecat ar avea acest drept dacă ar fi în stare să facă mai mult decât mine, până atunci: La revedere!

Deci, ca să reiau firul poveștii, terminasem terapia și, când să plecăm, am desoperit că mașina noastră, pe care prietena mea o lăsase la un bloc mai încolo, era blocată de o alta. Întreb de proprietar și unul care urmărea de la etajul unu scena a început să țipe la mine că bine mi-a făcut că am ocupat locul omului. Evident că nu avea nici un drept pe acel loc de parcare care era de fapt o alee mai lată de lângă bloc, urmată de spațiu verde îngrădit și de carosabil.

Nu aveam cum să iau mașina. Cel care mă blocase lăsase între mașini vreo 5 cm. L-am căutat prin bloc. Nimic. În cele din urmă, a ieșit. Mi-am ieșit din fire.

Sincer nu mai știu exact cum a fost schimbul de amabilități. Și care a început primul. Eu i-am zis că dacă se mai întâmplă să mă blocheze îi sparg geamul, el că dacă mi-o mai găsește pe acel loc îmi taie cauciucurile. Cert este că i-am mai spus că poate îi rup și gâtul. Nu știu ce a mai zis el și dacă la început se urcase în mașina lui cu intenția de a pleca cu ea și a mă debloca, dar s-a dat jos și a zis:

– Nu ai decât să-mi spargi geamul. Dacă nu știi să vorbești.

Și a plecat. Am rămas perplex. S-a dus și se uita la mine de la etajul 7. I-am mai spus de câteva ori să coboare și a refuzat.

Atunci am luat frumos bâta din mașină și, ca un adevărat maestru spiritual, i-am spart geamul din stânga față! Zob a fost! Se umpluse mașina de cioburi! Am deschis portiera, am scos-o din viteză și i-am tras frâna de mână, după care am împins-o mai în față. I-am spus tipului de la etajul unu să se uite bine că nu am luat nimic din mașină și că îi las cartea de vizită în geam și am plecat.

Cei care erau cu mine se albiseră de tot. Câțiva prieteni, portarul și încă vreo doi gură cască stăteau muți de uimire. Cred că nimeni nu văzuse latura asta a mea.

La puțin timp am fost sunat de poliție care mă chema să dau o declarație.

Nu m-am dus atunci. Am mers a doua zi. Drăguț a fost unul dintre polițiști:

– Bine, domnule doctor, dar chiar nu se putea altfel?

– Cum altfel? Din moment ce se uita la mine de la balcon cum stau jos și nu vroia să coboare?

– Și dumneata? Dacă ai văzut că e nebun, de ce nu l-ai lăsat să plece?

Tipul cu care mă certasem, de vârsta mea, era și el depășit de evoluția acelei întâmplări, ca și mine.

La un moment dat, polițistul ne-a dat afară ca pe doi copii neascultători și ne-a pus să ne împăcăm. Am ajuns la o înțelegere. Eu plăteam geamul și el se ocupa de restul, ca să nu-mi pierd eu timpul.

Vă mărturisesc ceva. Mi se întâmplase ceva asemănător cu câteva zile în urmă la bloc.

Și îi spusesem celui care mă blocase atunci:

– Domne, să nu mai faci asta că îți sparg geamul și ți-o mut eu, că nu am multă minte!

– Se vede! îmi răspunsese tipul.

Ideea este că eram montat deja.

În altă ordine de idei. Nici măcar nu am fost original. Am văzut faza asta într-un film cu Jack Nicholson și mi-a plăcut, cred, așa de mult că am vrut să încerc cum este. La nivel de subconștient evident. Nu mi-am programat-o voit.

Dacă îmi pare rău? Mărturisesc că nu. Mi-a făcut plăcere. Nici copil nu am spart geamuri sau altele. Am mers de parcă toate lucrurile erau de porțelan. Pot spune că acel fapt pe care mulți l-au considerat rău pentru mine a însemnat în realitate un lucru bun. Am ezitat de câteva ori să sparg geamul înainte de a o face. Și dacă m-am luptat cu mine a fost nu ca să mă împiedic să îl sparg, ci ca să mă oblig să o fac. Este ciudat cum mă văd ceilalți care au crezut că de fapt voiam să-l sparg, că m-am zbătut să nu și deodată am cedat dorinței negative.

În realitate a fost invers. Acel geam spart mi-a demonstrat că pot face orice, chiar și rău! Și pentru mine a însemnat demolarea unor rezistențe interioare.

Din punct de vedere material, acest lucru a avut și o parte pozitivă. Nu știu cât este de la Dumnezeu sau cât o autoprogramare, cert este că suma de bani, la care aveam dreptul pe zi din punct de vedere divin, mi s-a dublat! Sincer, cred că prin ceea ce am făcut mi-am deblocat o rezistență interioară care nu-mi dădea voie să doresc și să cred că pot mai mult.

În concluzie: îmi plac multe, țigările, femeile (nu în această ordine), deci sunt departe de a fi un sfânt. Nu am pretenția de la ceilalți la a-mi ridica osanale, nu am nevoie și nu le merit. Dar consider că merit respect pentru ceea ce știu. Eu nu mi-am plătit cursuri cu bani și nu am stat în fotoliu să ascult prelegerile cuiva, pentru ca apoi, după ce m-a învățat, să îl critic. Mai exact, nu scuip unde am pupat în fund. Am învățat trecând prin suferințele fizice și sufletești ale mele și ale celor dragi mie. Deci cred că merit un pic de considerație, dacă nu ca om, bărbat, amant, prieten, maestru spiritual, măcar ca și cunoscător al psihicului uman și al universului spiritual.

Dacă în schimb se cred unii mai cu moț, putem face altfel: există pilda mamei care se duce la Iisus și îi cere ca fiii ei să fie alături de El.

Iisus a răspuns: pot ei să treacă prin ceea ce trece Fiul Omului? Și mama lor a răspuns că da. Cei doi au murit pe cruce! Și mai sunt și alții, nu mulți, la nivelul de Fiu al Omului...

Cei care vor să fie ca mine sau se cred mai buni, nu au decât să treacă prin ce am trecut eu! Dacă se cred precum mine sau chiar mai buni, le doresc viața mea! Succes! Eu sunt sătul de guriști...

Cu stimă, atât criticilor cât și admiratorilor mei.

P.S. Pentru tratamentele și ajutoarele date la distanță, contravaloarea poate fi depusă în contul meu deschis la BOR, în „cutia milei"!...

Cuprins

Argument   7

Capitolul 1   15
Recapitulare

Capitolul 2   18
Nivelurile la care poate fi atacat PSI un om
Cunoașterea de sine • Imaginea • Atacarea credibilității prin adevăr • Câmpurile • Sufletul • Punctele și meridianele de acupunctură • Sinele • Furtul sufletului • Chakrele • Somnul • Informarea lucrurilor • Manipularea emoțională • Furtul îngerului și al luminii • Furtul întunericului

Capitolul 3   48
Tipurile de energie folosite în atacul PSI
Spiritele • Îngerii • Demonii • Lumina în atacul PSI • Transmiterea luminii la distanță, fără acord • Grila de cristale • Folosirea spațiilor pozitive în sens negativ • Folosirea luminii altora • Inducția • Introducerea de mesaje subliminale în timpul terapiei

Capitolul 4   76
Creșterea și scăderea vibrației sau a luminii interioare

Capitolul 5   87
Protecția
Rugăciunea și postul

Capitolul 6   94
Sisteme de protecție

Folosirea Psalmilor în protecție • Protecția chakrelor • Cilindrii de lumină în protecție • Liturghiile, maslurile și acatistele • Săbiile de lumină în protecție • Inițierile Reiki ca formă de protecție • Coloana de lumină a Arhanghelului Mihail • Clopotul lui Buddha • Clopotul bisericii • Folosirea sferei lui Melchisedec pentru protecție curățare și atac • Flacăra argintiu violetă • Stâlpul de lumină • Sferele ROGVAIV • Sferele rotative • Unirea celor trei centri de forță – sfera de lumină • Urina și baia de sare • Deturnarea unui atac PSI • Folosirea casetelor și CD-urilor pentru protecție • Atacul ca formă de apărare • Bolile ca formă de apărare • Protecție prin Reiki • Coranul • Protecția calculatorului • Obturarea chakrelor • Crucea ca simbol de protecție și dezlegare • Sporul casei • Protecția casei • Sexul în protecția PSI • Cristalele în protecția PSI • Conul de lumină • Icoanele • Flacăra lui Saint-Germain • Refacerea PSI • Psalmul 50 • Folosirea lumânărilor

Capitolul 7   130
Grupul în protecție și atac

Grupurile în atac • Terapia de grup • Inițierea în grup • Magia în sport • Subconștientul poporului român

Capitolul 8   143
Armele PSI

Capitolul 9   146
Pericolul ritualurilor

Exorcizările • Molitfe și dezlegări • Molitfele Sfântului Vasile cel Mare • Molitfele Sfântului Ioan Gură de Aur • Rugăciunea Sfântului Ciprian

Capitolul 10 — 169
Din nou despre karmă
Arderea karmei ● Iubirea ca formă de plată karmică

Capitolul 11 — 178
Schemele, rezistențele interioare și modelele parentale

Capitolul 12 — 182
Pe scurt despre copiii indigo și cei de cristal

Capitolul 13 — 187
Schizofrenia
Componenta genetică a schizofreniei ● Karma personală ● O traumă din trecut ● Un act de magie ● Posesia demonică ● Trezirea sinelui ● Personalitatea parentală dominantă

Capitolul 14 — 193
Război PSI cu SEREI

Capitolul 15 — 198
Dedicat Bisericii Ortodoxe Române și nu numai

Criticilor mei — 206

Oana Pustiu
Despre spiritualitate cu
OVIDIU-DRAGOȘ ARGEȘANU

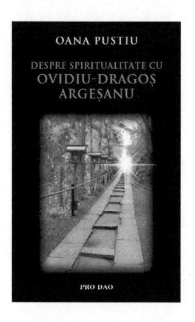

O scurtă introducere în lumea spirituală, o lume plină de mistere pentru unii oameni și, din păcate, inexistentă pentru marea lor majoritate, concepută să acopere o parte din întrebările voastre referitoare la:

Sinele • Sufletul • Chakre și câmpuri • Karma • Boala • Avortul
Dreptul divin • Trezirea spirituală • Misiunea personală
Mântuirea • Ortodoxia • Iubirea necondiționată
Armele de lumină • Sexualitatea • Copiii • Păcatul
Violul • Răul ca pesoană spirituală • Puterea gândului
Capacități extrasenzoriale • Entități spirituale • Maeștri
Radiestezie • Magia • Formele gând • Somnul și visele
Lumea virtuală • Animalele

**Școala de masaj
PRO DAO PSI
organizează cursuri în cadrul cabinetului
Dr. OVIDIU DRAGOȘ ARGEȘANU**

Cursurile sunt organizate pe module astfel:

MODULUL I – MASAJ SOMATIC (durata: 9 săptămâni):
- masaj de întreținere, relaxare, tonifiere și anticelulitic;
- masaj sportiv;
- masaj cu miere.

MODULUL II – MASAJ REFLEXOGEN (durata: 9 săptămâni)
- reflexologie;
- fiziopatologie;
- tehnica masajului reflexogen.

MODULUL III – DRENAJ LIMFATIC (durata: 14 săptămâni)
- aplicarea procedeelor specifice drenajului limfatic;
- calificare tehnician maseur.

Diplomele eliberate sunt recunoscute de Ministerul Muncii, Solidarității Sociale și Familiei și de Ministerul Educației, Cercetării și Tineretului, prin Consiliul Național de Formare Profesională a Adulților (C.N.F.P.A.).

Relații la telefon: 0735 038 857

PRODUSE GRAVATE CU SIMBOLURI ȘI CRISTALE REIKI

Sfere, piramide, felii agat, pandante, inele, brățări, baghete gravate cu simboluri din sistemele Reiki Usui, Karuna, Shambala.

Produsele le puteți viziona și comanda online pe:

www.pandantive-reiki.ro

și

www.cristale-semipretioase.ro

Printed by Amazon Italia Logistica S.r.l.
Torrazza Piemonte (TO), Italy